MANUEL

DU BACCALAURÉAT ÈS SCIENCES

ARITHMÉTIQUE. ALGÈBRE.

On trouve à la même librairie :

Manuel du Baccalauréat ès Sciences, rédigé d'après les programmes officiels des lycées prescrits pour les examens du baccalauréat, par MM. *J. Langlebert,* professeur de sciences physiques et naturelles à Paris, et *E. Catalan,* agrégé de l'Université de France, professeur à l'Université de Liège; 2 gros vol. in-12, divisés en 8 parties, *avec gravures dans le texte et planches gravées.*

Chaque partie se vend séparément pour chaque degré de baccalauréat et pour chaque classe des lycées.

Première Partie, Manuel d'Arithmétique et d'Algèbre, rédigé d'après les programmes officiels, par *M. E. Catalan :* 9ᵉ édition; 1 vol. in-12.

Deuxième Partie, Manuel de Géométrie, suivi de notions sur quelques courbes, rédigé d'après les programmes officiels, par *M. E. Catalan :* 8ᵉ édition; 1 vol. in-12, *avec 230 gravures dans le texte.*

Troisième Partie, Manuel de Trigonométrie rectiligne et de Géométrie descriptive, rédigé d'après les programmes officiels, par *M. E. Catalan :* 8ᵉ édition; 1 vol. in-12, *avec 30 gravures dans le texte et planches gravées.*

Quatrième Partie, Manuel de Cosmographie, rédigé d'après les programmes officiels, par *M. E. Catalan :* 11ᵉ édition, entièrement refondue et mise au courant des plus récentes découvertes; 1 vol. in-12, *avec de nombreuses gravures dans le texte et planches gravées.*

Cinquième Partie, Manuel de Mécanique, rédigé d'après les programmes officiels, par *M. E. Catalan :* 11ᵉ édition; 1 vol. in-12, *avec 80 gravures dans le texte.*

Sixième Partie, Manuel de Physique, rédigé d'après les programmes officiels, par *M. J. Langlebert :* 29ᵉ édition; 1 fort vol. in-12, *avec 292 gravures dans le texte.*

Septième Partie, Manuel de Chimie, rédigé d'après les programmes officiels, par *M. J. Langlebert :* 30ᵉ édition; 1 fort vol. in-12, *avec 143 gravures dans le texte.*

Huitième Partie, Manuel d'Histoire Naturelle, rédigé d'après les programmes officiels, par *M. J. Langlebert :* 35ᵉ édition; 1 fort vol. in-12, *avec 490 gravures dans le texte.*

Pour la Partie littéraire, consulter le *Manuel du Baccalauréat ès-Lettres,* par MM. *E. Lefranc* et *G. Jeannin.*

COURS D'ÉTUDES SCIENTIFIQUES

Rédigé d'après les Programmes officiels des Lycées
prescrits pour les examens du Baccalauréat

Par MM. LANGLEBERT et CATALAN.

MANUEL
D'ARITHMÉTIQUE
ET D'ALGÈBRE

Par E. CATALAN

AGRÉGÉ DE L'UNIVERSITÉ DE FRANCE, DOCTEUR ÈS SCIENCES
PROFESSEUR D'ANALYSE A L'UNIVERSITÉ DE LIÉGE.

NEUVIÈME ÉDITION

PARIS
IMPRIMERIE ET LIBRAIRIE CLASSIQUES
Maison Jules DELALAIN et Fils
DELALAIN FRÈRES, Successeurs
56, RUE DES ÉCOLES.

Aux termes d'un décret en date du 27 novembre 1864, l'Examen du Baccalauréat ès Sciences complet porte sur les matières enseignées dans la classe de mathématiques élémentaires des lycées. L'examen du Baccalauréat ès Sciences restreint pour la partie mathématique continue, jusqu'à nouvel ordre, d'être subi dans les conditions existantes et avec les anciens programmes.

Aux termes d'un décret en date du 25 juillet 1874, une des épreuves orales de la Seconde Série pour l'examen du Baccalauréat ès Lettres consiste en interrogations sur les sciences, dans la limite du nouveau Plan d'études des lycées de 1874.

Toute contrefaçon sera poursuivie conformément aux lois ; tous les exemplaires sont revêtus de notre griffe.

Delalain frères

1879.

ARITHMÉTIQUE.

PROGRAMMES D'ENSEIGNEMENT DES LYCÉES.

(Les numéros sont ceux des paragraphes où la question est traitée.)

CLASSE DE MATHÉMATIQUES ÉLÉMENTAIRES.

Arithmétique.

On reprend rapidement le Programme de la Classe de Troisième (ci-dessous), en le complétant par quelques leçons sur les propriétés des nombres premiers, — les fractions décimales périodiques, — les erreurs relatives, — l'extraction des racines, 88-90 et 97-102; 170, 171, 205-208.

Programme de la Classe de Troisième.

Numération décimale, 9-23.

Les quatre opérations sur les nombres entiers, 24-67.

Nombres décimaux, 142-171. — Opérations, 154-161.

Caractères de divisibilité par 2, 3, 5, 9 et 11, 74-83.

Définition des nombres premiers et des nombres premiers entre eux, 84. — Marche à suivre pour décomposer un nombre en ses facteurs premiers (aucun développement théorique), 88, 100. — Formation du plus grand commun diviseur et du plus petit commun multiple de plusieurs nombres, 91-96, 103, 104.

Fractions ordinaires, 109-141. — Simplification d'une fraction (on admettra, sans démonstration, qu'une fraction dont les deux termes sont premiers entre eux est irréductible), 122. — Réduction de plu-

PROGRAMME OFFICIEL.

sieurs fractions au même dénominateur commun, 123-125. — Opérations sur les fractions, 154-161. — Conversion d'une fraction ordinaire en fraction décimale, 168.

Carré et racine carrée d'un nombre entier, d'un nombre décimal, 186-195.

Système métrique, 172-182.

Rapport des deux nombres, 209. — Égalité de deux rapports ou proportion, 210.

Rapport de deux grandeurs, 211. — Grandeurs proportionnelles, 212-224. — Problèmes sur les grandeurs proportionnelles, 225, 226. — Questions d'intérêt et d'escompte, formules pour les résoudre, 234-241

ALGÈBRE.

PROGRAMMES D'ENSEIGNEMENT DES LYCÉES.

(Les numéros sont ceux des paragraphes où la question est traitée.)

CLASSE DE MATHÉMATIQUES ÉLÉMENTAIRES.

Algèbre.

Révision et compléments des premières notions données dans la Classe de Seconde (voir ci-dessous).

Discussion des formules qui résolvent un système d'équations du premier degré à deux inconnues, 106-115. — Exercices, 105.

Équation du second degré à une inconnue, 116-135. — Double solution, 118, 119. — Valeurs imaginaires, 118-131.

Propriétés des trinômes du second degré, 136-140.

Des questions de maximum et de minimum qui peuvent se résoudre par les équations du second degré, 141-150.

Principales propriétés des progressions arithmétiques et des progressions géométriques, 151-173.

Théorie des logarithmes déduite des progressions, 174, 203.

Logarithmes dont la base est 10, 189-193. — Tables, 194-196. — De la caractéristique, 191.

Introduction des caractéristiques négatives pour étendre aux nombres plus petits que 1 les calculs logarithmiques [1], 199-203.

Usage des tables, 203-210.

Intérêts composés et annuités, 211-223. — Application des logarithmes à ces questions, 216-223.

1. Pour définir les logarithmes des nombres plus petits que 1, il suffit d'étendre à ces nombres la propriété fondamentale des logarithmes : Soit a un nombre plus petit que 1, et soit P le produit $a \times 10^n$

PROGRAMME OFFICIEL.

Programme de la Classe de Seconde.

Opérations algébriques (on ne parlera pas de la division des polynômes), 13-16, 22-24, 26-31, 44, 45.

Équations du premier degré; exercices numériques, 52-75. — Équation du second degré à une inconnue, 116-135.

Application à quelques problèmes d'arithmétique et de géométrie, 123-128.

supposé supérieur ou au moins égal à 1. P aura un logarithme, et si l'on convient d'étendre à ce produit la propriété fondamentale, on aura $\log a$ ou $\log \dfrac{P}{10^n} = \log P - n$.

Ainsi *on convient d'appeler logarithme de a le logarithme de* P, *diminué de* n. En faisant porter cette soustraction sur la caractéristique seule, on voit que celle-ci contiendra un nombre d'unités *négatives* égal au rang qu'occupe, à droite de la virgule, le premier chiffre significatif de a.

TABLE DES MATIÈRES.

Les chiffres renvoient aux pages.

Arithmétique.

Chap. I. — Notions préliminaires. — De la numération parlée. — De la numération écrite.   1

Chap. II. — De l'addition. — De la soustraction. — De la multiplication. — De la division.   7

Chap. III. — Divisibilité des nombres. — Caractères de divisibilité. — Des nombres premiers. — Du plus grand commun diviseur. — Du plus petit multiple.   24

Chap. IV. — Des fractions. — Propriétés fondamentales des fractions. — Des fractions irréductibles. — Réduction à un même dénominateur. — Opérations sur les fractions ordinaires. — Addition des fractions. — Soustraction des fractions. — Multiplication des fractions. — Division des fractions.   42

Chap. V. — Préliminaires. — Addition et soustraction des nombres décimaux. — Multiplication des nombres décimaux. — Division des nombres décimaux. — Des erreurs relatives. — Réduction des fractions ordinaires en fractions décimales.   56

Chap. VI. — Système métrique. — Des anciennes mesures.   69

Chap. VII. — Préliminaires. — Extraction de la racine carrée d'un nombre entier. — Extraction de la racine cubique d'un nombre entier. — Carré et cube d'une fraction.   77

Chap. VIII. — Rapports des grandeurs concrètes. Ce qu'on nomme proportion. — Propriétés des proportions.   93

Chap. IX. — Des règles de trois. — Méthode de réduction à l'unité. — De l'intérêt simple. — De l'escompte commercial. — Règle de société.   101

Algèbre.

Chap. I. — Notions préliminaires. — Opérations algébriques. — Addition. — Soustraction. — Addition et soustraction des monômes positifs ou négatifs. — Multiplication. — Division.   111

Chap. II. — Généralités sur les équations. — Principes relatifs à la résolution des équations. — Résolution des équations du premier degré, à une seule inconnue. — Résolution de deux équations du premier degré, à deux inconnues. — Résolution d'un nombre quelconque d'équations du premier degré, entre un même nombre d'inconnues. — Problèmes du premier degré.   132

Chap. III. — Interprétation des valeurs négatives dans les problèmes. — Usage des quantités négatives. — Des cas d'impossibilité et d'indétermination.   152

Chap. IV. — Équations générales à deux inconnues. — Discussion des formules générales.   162

Chap. V. — Formes de l'équation du second degré à une inconnue. — Résolution de l'équation $x^2 + px + q = 0$. — Applications. — Décomposition de $x^2 + px + q$ en facteurs du premier degré. — Relations entre les coefficients et les racines. — Discussion de l'équation $x^2 + px + q = 0$.   168

Chap. VI. — Propriétés des trinômes du second degré. — Des questions de maximum et de minimum. — Applications.   179

Chap. VII. — Des progressions par différence. — Des progressions par quotient. — Limite de la somme des termes d'une progression par quotient, décroissante.   189

Chap. VIII. — Définition des logarithmes. — Propriétés des logarithmes. — Des logarithmes dont la base est 10. — Construction des tables. — Proportion logarithmique. — Logarithmes des fractions. — Usage des tables. — Exemples de calculs logarithmiques.   201

Chap. IX. — Des intérêts composés. — Des annuités.   224

ARITHMÉTIQUE.

CHAPITRE I.

Numération décimale (9-23). — Numération parlée (9-17). — Numération écrite (17-23).

Notions préliminaires.

1. On appelle *grandeur* tout ce qui est susceptible d'augmentation ou de diminution.

2. *Mesurer* une grandeur, c'est la comparer à une autre grandeur de même espèce, arbitraire, mais bien connue, que l'on désigne sous le nom d'*unité*. Le résultat de la comparaison, ou le *rapport* de la grandeur à son unité, est appelé *nombre*.

Quand on dit : *voilà un mur dont la longueur est de vingt mètres*, la longueur du mur est la *grandeur mesurée*, la longueur du mètre est l'*unité*; le nombre *vingt*, résultat de la comparaison entre ces deux grandeurs, exprime le *rapport* de la première à la seconde.

3. Ainsi que nous venons de le dire, l'unité est *arbitraire*, mais elle doit cependant être *bien connue*. En effet, la longueur d'un mur peut être évaluée en *mètres*, en *toises*, en *pieds*, etc., et, d'un autre côté, si elle était exprimée en *palmes* [*], ceux qui ne connaissent pas cette unité particulière n'auraient aucune idée de la grandeur du mur.

4. Indépendamment de son usage principal [2], le nombre peut servir à indiquer *combien* d'*individus* [**] jugés semblables composent une réunion. Dans ce cas, il est nécessairement *entier*. Exemple : *dix* arbres, *trois* maisons.

5. Que le nombre represente une *grandeur continue* ou une *collection de grandeurs*, il est toujours *abstrait*, c'est-à-dire

---

[*] Le *palme* est une mesure italienne.
[**] Le mot *individu* est pris ici dans le sens métaphysique : il est synonyme d'*animal* ou de *chose*.

qu'on doit le considérer en lui-même et *abstraction faite* de l'espèce de la grandeur qu'il mesure. Dans le *calcul*, c'est-à-dire dans les diverses opérations auxquelles les nombres donnent lieu, on n'a presque jamais égard à la nature des grandeurs *données*, parce que la *valeur numérique* du *résultat* auquel on veut arriver en est toujours indépendante *.

6. A la grandeur prise pour unité, c'est-à-dire à l'*unité concrète*, correspond l'*unité abstraite*, ou le nombre *un*. En ajoutant l'unité à elle-même, on forme le nombre *deux*, qui, ajouté à l'unité, donne le nombre *trois*, etc. On obtient ainsi la suite des nombres entiers, laquelle, évidemment, est illimitée.

7. L'*Arithmétique* est la *science des nombres*.

8. Les *Mathématiques*, dont l'Arithmétique forme la première partie, sont la *science des grandeurs mesurables*.

De la numération parlée.

9. La *numération parlée* a pour but d'énoncer *beaucoup* de nombres avec *peu* de mots.

10. Les *dix* premiers nombres sont désignés par les dix mots différents :

Un, deux, trois, quatre, cinq, six, sept, huit, neuf, dix.

11. La réunion de dix unités simples, ou de dix unités du *premier ordre*, forme une *unité du deuxième ordre*, appelée *dizaine*.

Les noms donnés aux dix premières dizaines sont :

Dix, vingt, trente, quarante, cinquante, soixante, septante, octante, nonante **, *cent*.

---

* Ainsi, pour savoir *combien font deux pommes et trois pommes*, on ajoute le nombre *deux* au nombre *trois* ; la somme *cinq*, que l'on trouve, est indépendante de la nature des objets considérés : elle eût encore été *cinq* si l'on avait voulu exprimer la réunion de *deux arbres* et de *trois arbres*, etc.

** Ordinairement, on remplace ces dénominations régulières et euphoniques par : *soixante-dix, quatre-vingts, quatre-vingt-dix*.

1.

12. Semblablement, la collection de cent unités simples, ou de dix dizaines, est regardée comme une *unité du troisième ordre*, à laquelle on a donné le nom de *centaine*. De même encore, dix centaines forment un *mille*. Et comme un nombre quelconque, inférieur à *mille*, peut être partagé en plusieurs parties composées chacune de moins de dix unités du premier, du deuxième ou du troisième ordre, il s'ensuit qu'au moyen des noms précédents, on peut énoncer tous les nombres qui ne dépassent pas *neuf cent nonante-neuf*.

13. A partir du mot *mille*, on a établi une classification nouvelle : au lieu de supposer, comme précédemment, que *dix unités d'un ordre quelconque composent une nouvelle unité*, à laquelle on attribue un nom nouveau, on a regardé la collection de *mille mille* comme formant une autre unité, appelée *million*. De même, *mille millions* composent un *billion* ; *mille billions* forment un *trillion*, etc. Ces unités de *mille*, de *millions*, de *billions*, de *trillions*, etc., sont, avec les unités simples, désignées quelquefois sous le nom d'*unités ternaires*.

14. Un nombre quelconque d'unités ternaires, inférieur à *mille*, se décompose toujours en unités, dizaines et centaines, absolument comme les nombres moindres que mille unités simples.

On dit, par exemple :

Six cent cinquante-deux billions, trois cent nonante-huit millions, neuf cent trente-quatre mille, cinq cent quatre unités.

15. Au lieu de dire, conformément aux règles ci-dessus : *dix-un, dix-deux, dix-trois,..., dix-six*, on est convenu d'employer les dénominations suivantes : *onze, douze, treize, quatorze, quinze, seize*.

16. En résumant ce qui précède, on voit que :

Pour désigner tous les nombres inférieurs à *vingt, trente, quarante,..., cent, mille, un million,...*, il suffit de *seize, dix-sept, dix-huit,..., vingt-quatre, vingt-cinq, vingt-six....* mots différents.

La numération parlée permet donc d'énoncer une multitude de nombres, au moyen des mots qui désignent quelques-uns d'entre eux. Malheureusement, le nombre de ces mots, au lieu d'être limité, augmente avec les nombres à énoncer.

De la numération écrite.

17. Dans la *numération écrite*, on s'est proposé, pour éviter le défaut que nous venons de signaler dans la numération parlée, de représenter tous les nombres en employant seulement *dix* caractères différents.

Ces caractères, nommés *chiffres*, sont :

0, 1, 2, 3, 4, 5, 6, 7, 8, 9.
zéro, un, deux, trois, quatre, cinq, six, sept, huit, neuf.

18. Il est facile de comprendre comment, au moyen de ces *dix* chiffres, on peut représenter tous les nombres.

Soit, par exemple, le nombre *sept cent quarante-deux*. Comme il équivaut à *sept* centaines, *quatre* dizaines, *deux* unités, nous pourrions l'écrire ainsi :

$7^{\text{cent.}}\ 4^{\text{diz.}}\ 2^{\text{unit.}}$

De même, le nombre *huit cent cinquante-sept* MILLE *sept cent quarante-deux* UNITÉS pourrait être représenté par

($8^{\text{cent.}}\ 5^{\text{diz.}}\ 7^{\text{unit.}}$) mille ($7^{\text{cent.}}\ 4^{\text{diz.}}\ 2^{\text{unit.}}$).

19. Ce procédé aurait été presque aussi long que l'écriture *en toutes lettres*. Pour abréger, on se dispense d'indiquer le nom de chaque espèce d'unités.

Par exemple, au lieu des deux expressions précédentes, on écrit simplement :

742,   857742.

20. Nous voyons que *chaque chiffre a, indépendamment de sa valeur propre, une valeur de position*. Pour déterminer celle-ci, il suffit d'appliquer le principe suivant :

Dans tout nombre, le rang d'un chiffre, à partir de la droite, indique l'ordre des unités représentées par ce chiffre.

21. Soit à écrire le nombre *deux cent sept*, qui ne renferme pas de dizaines. D'après la règle, le chiffre 7 devra occuper le premier rang à droite, et le chiffre 2 le troisième. Quant aux dizaines manquantes, on les remplace par le caractère 0 (*zéro*). On obtient ainsi 207.

ARITHMÉTIQUE. 5

Le chiffre *zéro* n'a donc aucune valeur par lui-même : il ne représente aucune grandeur ; mais il sert à conserver aux *chiffres significatifs* leurs valeurs relatives.

22. Ce qui précède permet d'exprimer en chiffres un nombre quelconque énoncé, ou d'énoncer un nombre écrit en chiffres, et inférieur à *mille*. Pour les nombres dépassant cette limite, on applique la règle suivante, qui résulte de la décomposition en unités ternaires [13] :

Pour énoncer un nombre écrit, on le partage, à partir de la droite, en tranches de trois chiffres ; puis, partant de la gauche, on énonce chaque tranche comme si elle était seule, en indiquant l'espèce des unités ternaires qu'elle représente.

Le nombre 857742, considéré ci-dessus, s'énonce donc :

huit cent cinquante-sept MILLE *sept cent quarante-deux* UNITÉS [18].

Pour énoncer le nombre 26720405920004837200, on l'écrit de cette manière :

26 720 405 920 004 837 200 ;

puis, appliquant la règle, on lit :

Vingt-six QUINTILLIONS, *sept cent vingt* QUATRILLIONS, *quatre cent cinq* TRILLIONS, *neuf cent vingt* BILLIONS, *quatre* MILLIONS, *huit cent trente-sept* MILLE, *deux cents* UNITÉS.

23. Les explications qui viennent d'être données suffisent pour faire comprendre le *système de numération* en usage. Ce système a été appelé *système décimal*, parce qu'il exige l'emploi de *dix* chiffres, et parce que *dix* unités d'un ordre constituent l'unité de l'ordre immédiatement supérieur. Le nombre *dix* est la *base du système*. On conçoit qu'en partant des principes ci-dessus exposés, on pourrait établir un système de numération dans lequel la *base* serait un nombre quelconque, au moins égal à *deux*.

ARITHMÉTIQUE.

Résumé.

On appelle *grandeur* tout ce qui est susceptible d'augmentation ou de diminution.

Mesurer une grandeur, c'est la comparer à une autre grandeur de même espèce, que l'on désigne sous le nom d'*unité*.

Le résultat de la comparaison, ou le *rapport* de la grandeur à son unité, est appelé *nombre*.

Quand le nombre sert à indiquer *combien d'individus* jugés semblables composent une réunion, il est nécessairement *entier*.

Que le nombre représente une *grandeur continue* ou *collection de grandeurs*, il est toujours *abstrait*.

A la grandeur prise pour unité, c'est-à-dire à l'*unité concrète*, correspond l'*unité abstraite*, ou le nombre *un*. En ajoutant l'unité à elle-même, on forme le nombre *deux*, qui, ajouté à l'unité, donne le nombre *trois*, etc.

L'*arithmétique* est la *science des nombres*.

La *numération parlée* a pour but d'*énoncer* beaucoup de nombres avec peu de mots.

Les *dix* premiers nombres sont désignés par les dix mots différents : *un, deux, trois, quatre, cinq, six, sept, huit, neuf, dix*.

La réunion de *dix unités simples*, ou de dix unités du *premier ordre*, forme une *unité du deuxième ordre*, appelée *dizaine*.

La collection de cent unités simples, ou de dix dizaines, est regardée comme une *unité du troisième ordre*, à laquelle on a donné le nom de *centaine*.

De même, dix centaines forment un *mille*.

A partir du nombre *mille*, on a établi une classification nouvelle : on regarde la collection de *mille mille* comme formant une autre unité, appelée *million*.

De même, *mille millions* composent un *billion*; *mille billions* forment un *trillion*, etc.

Dans la *numération écrite*, on s'est proposé de *représenter* tous les nombres en employant seulement *dix* caractères différents.

Ces caractères, nommés *chiffres*, sont : *zéro, un, deux, trois, quatre, cinq, six, sept, huit, neuf*.

Chaque chiffre a, indépendamment de sa valeur propre, une valeur de position.

Dans tout nombre, le rang d'un chiffre, à partir de la droite, indique l'ordre des unités représentées par ce chiffre.

Le chiffre *zéro* n'a aucune valeur par lui-même; mais il sert à conserver aux chiffres significatifs leurs valeurs relatives.

Pour énoncer un nombre écrit, on le partage, à partir de la droite, en tranches de trois chiffres; puis, partant de la gauche, on énonce chaque tranche comme si elle était seule, en indiquant l'espèce des unités ternaires qu'elle représente.

ARITHMÉTIQUE.

CHAPITRE II.

Les quatre opérations sur les nombres entiers (24-67). — Addition (24-29). — Soustraction (30-37). — Multiplication (38-51). — Division (52-67).

De l'addition.

24. Définition. — *L'addition est une opération dont le but est de trouver un nombre renfermant toutes les unités contenues dans deux ou plusieurs nombres donnés.*

Le résultat de l'addition est appelé *somme*.

25. On indique une addition par le signe $+$, que l'on énonce *plus*. Par exemple, $9+5$ s'énonce : 9 *plus* 5. De même, l'expression $9+5+3$ signifie qu'après avoir ajouté 5 à 9, on doit ajouter 3 à la somme obtenue.

26. Les *règles* que nous allons développer s'appuient sur les axiomes* suivants :

1° *On ne peut ajouter que des grandeurs de même espèce ;*
2° *La somme est de même espèce que les grandeurs ajoutées ;*
3° *La somme ne change pas, quel que soit l'ordre dans lequel on effectue l'addition.*

27. *Addition de deux nombres d'un seul chiffre.* — Pour trouver la somme des nombres 9 et 5, on peut ajouter à 9, successivement, chacune des unités qui composent 5. On peut aussi *compter sur les doigts*.

Les deux procédés donnent 14 pour *somme* **. On indique ce résultat, d'une manière abrégée, par l'*égalité*

$$9+5=14,$$

que l'on énonce ainsi :

9 *plus* 5 *égale* 14 ***.

---

* Un *axiome* est une proposition évidente par elle-même et pour laquelle, conséquemment, il n'est pas besoin de *démonstration*.

** Il est indispensable de savoir calculer la somme de deux nombres, quand l'un d'eux n'a qu'un seul chiffre.

*** Dans cette *égalité*, $9+5$ est le *premier membre*, 14 est le *second membre*.

28. *Addition de nombres quelconques.* — Soient, par exemple, les nombres 204, 485, 698, dont il s'agit de faire la somme. Comme il serait trop long d'appliquer la méthode précédente, on partage chaque nombre en centaines, dizaines et unités; on fait, à part, la somme des centaines, celle des dizaines et celle des unités; et il ne reste plus, pour obtenir la somme cherchée, qu'à réunir les trois sommes partielles [26, 3°]. Cette dernière partie du calcul serait ordinairement assez pénible : on la supprime, pour ainsi dire, si *l'on a soin de commencer l'addition par les unités simples, et de* RETENIR *les dizaines fournies par la somme des unités d'un ordre quelconque, pour les* REPORTER *aux unités de l'ordre immédiatement supérieur.*

L'opération prend alors la disposition suivante :

$$\begin{array}{r} 204 \\ 485 \\ 698 \\ \hline \text{Somme } 1387 \end{array}$$

La somme des unités est 17, ou 1 dizaine et 7 unités; on écrit 7 à la colonne des unités, et l'on *retient* 1, que l'on ajoute aux dizaines. On obtient ainsi 18 dizaines, ou 1 centaine et 8 dizaines, etc.

29. *Preuve de l'addition.* — En général, on appelle *preuve* d'une opération une seconde opération qui sert à vérifier le résultat de la première.

Pour qu'une preuve puisse porter ce nom, il faut qu'elle soit *au moins* aussi facile à pratiquer que le calcul primitif. On conçoit, au reste, qu'il n'y a pas de preuve absolue.

Pour faire la preuve de l'addition, on recommence le calcul dans un ordre différent du premier : si l'on a opéré de *haut en bas,* on opère de *bas en haut* [26, 3°].

De la soustraction.

30. **Définition.** — *La soustraction est une opération par laquelle, connaissant une somme et l'une de ses deux parties, on détermine l'autre partie.*

Le résultat d'une soustraction est appelé *reste*. On dit aussi que le reste est la *différence* des deux nombres donnés, ou l'*excès* du plus grand sur le plus petit.

31. Remarque. — D'après la définition précédente, la soustraction est l'inverse de l'addition.

32. Pour indiquer une soustraction, on emploie le signe —, que l'on énonce *moins*. Par exemple, pour exprimer, d'une manière abrégée, que 5 est l'excès de 14 sur 9, on écrit :

$$14 - 9 = 5,$$

et l'on énonce :

14 *moins* 9 *égale* 5.

33. La règle de la soustraction s'appuie sur l'axiome suivant :

Si l'on augmente ou si l'on diminue également deux nombres, leur différence ne change pas.

34. L'habitude du calcul permet d'effectuer, *de tête*, des soustractions simples, telles que la précédente. Pour prendre un cas plus compliqué, supposons que l'on veuille *retrancher* 2 454 de 4 873. On dispose ainsi l'opération :

$$\begin{array}{r} 4\,873 \\ 2\,451 \\ \hline \text{Reste} \quad 2\,422 \end{array}$$

D'après la définition, et à cause de ce qui a été dit pour l'addition, on voit qu'il *faut retrancher, de chacun des chiffres du plus grand des nombres donnés, le chiffre qui y correspond dans l'autre nombre*. On obtient ainsi 2 422, qui, ajouté à 2 454, reproduit 4 873.

35. Il peut arriver qu'un chiffre appartenant à la somme donnée soit moindre que le chiffre de même rang dans la partie connue. Dans ce cas, la *soustraction partielle* est impossible ; mais une remarque très-simple permet néanmoins de calculer le reste cherché.

Soit, pour fixer les idées, 4 206 — 2 789 :

$$\begin{array}{r} 4\,206 \\ 2\,789 \\ \hline \text{Reste} \quad 1\,417 \end{array}$$

Si l'on connaissait le reste et si on l'ajoutait à 2 789, on devrait retrouver 4 206. Or, il n'y a aucun nombre qui, ajouté à 9, puisse donner 6. Donc la somme du chiffre 9 et du chiffre des unités du reste n'est pas 6, mais elle est 16; donc aussi, pour trouver ce dernier chiffre, on dira 16 *moins* 9 *égale* 7. Mais, en augmentant ainsi de 10 unités le chiffre 6, on altère le reste : pour corriger cette erreur, il suffit [33] d'ajouter 1 unité au chiffre des dizaines du nombre inférieur, et de dire : $10-9=1$. Ainsi de suite.

36. **Remarque.**—L'exemple sur lequel nous venons d'opérer prouve qu'*il est à peu près indispensable de commencer toute soustraction par la droite.*

37. *Preuve de la soustraction.* — Elle résulte de la définition : en ajoutant le reste au nombre retranché, on doit retrouver la somme donnée.

De la multiplication.

38. **Définition.** — *La multiplication est une opération qui a pour but de trouver la somme d'autant de parties, égales à un nombre donné, qu'il y a d'unités dans un autre nombre donné.*

D'après cette définition, la multiplication est un cas particulier de l'addition : *c'est une addition dans laquelle les nombres à ajouter sont égaux entre eux.* Chacune de ces *parties égales* prend le nom de *multiplicande;* leur quotité s'appelle *multiplicateur,* et leur somme, *produit.*

39. Le signe de la multiplication est celui-ci : $\times$, qui s'énonce : *multiplié par.* Ainsi, pour exprimer que la somme de 7 nombres égaux à 3 est 21, on écrit : $3 \times 7 = 21$*. Les nombres 3 et 7, c'est-à-dire *le multiplicande* et *le multiplicateur,* sont les *facteurs du produit.*

40. On peut considérer des produits composés de plusieurs facteurs. Par exemple, l'expression $3 \times 7 \times 5 \times 2 \times 4$ signifie qu'après avoir multiplié 3 par 7, on devra multiplier par 5 le produit obtenu, etc. Elle s'énonce donc : 3 *multiplié par* 7, *multiplié par* 5, *multiplié par* 2, etc. **.

---

* On peut encore employer un simple point, et écrire : $3.7 = 21$.
** Dans le cas de deux facteurs, il est à peu près indifférent de lire : 3 *multiplié par* 7, ou 3 *qui multiplie* 7; mais l'expression : 3 *qui multiplie* 7, *qui multiplie* 5, etc., doit être soigneusement évitée, parce qu'elle n'est pas claire, et qu'elle peut conduire à des démonstrations vicieuses.

ARITHMÉTIQUE.

Si tous les facteurs d'un produit sont égaux entre eux, c'est-à-dire *si un nombre est pris plusieurs fois comme facteur*, le produit reçoit le nom de *puissance* du nombre. Le *degré* ou l'*exposant* de la puissance est marqué par le nombre des facteurs. Ainsi, $3 \times 3 \times 3 \times 3 \times 3$ est la cinquième puissance de 3. Pour abréger, on écrit 3^5.

41. Théorème I *. — *Le produit ne change pas quand on intervertit l'ordre des facteurs.*

La démonstration de ce principe fondamental sera décomposée en quatre parties.

1° *Le produit de deux facteurs ne change pas quand on intervertit l'ordre de ces facteurs.*

Par exemple, $3 \times 4 = 4 \times 3$.

Pour démontrer cette égalité, formons le tableau suivant :

$$\begin{array}{ccc} 1 & 1 & 1 \\ 1 & 1 & 1 \\ 1 & 1 & 1 \\ 1 & 1 & 1 \end{array}$$

Cette collection d'unités est composée de 4 *lignes horizontales* renfermant chacune 3 *unités*, ou de 3 *colonnes verticales* renfermant chacune 4 *unités*; d'ailleurs *la somme ne change pas, quel que soit l'ordre dans lequel on effectue l'addition* [26, 3°] : donc 4 *fois* 3 unités égalent 3 *fois* 4 unités.

2° *Dans un produit de trois facteurs, on peut intervertir l'ordre des deux derniers facteurs.*

Soit $5 \times 3 \times 4$.

Dans le tableau qui précède, remplaçons 1 par 5; nous aurons :

$$\begin{array}{ccc} 5 & 5 & 5 \\ 5 & 5 & 5 \\ 5 & 5 & 5 \\ 5 & 5 & 5 \end{array}$$

Or, ce nouveau tableau contient 4 *lignes horizontales* composées chacune de 3 *fois* 5 unités, et 3 *colonnes verticales* renfermant chacune 4 *fois* 5 unités : donc $5 \times 3 \times 4 = 5 \times 4 \times 3$.

---

* Un *théorème* est une *proposition*, c'est-à-dire une vérité, qui devient évidente au moyen d'un raisonnement appelé *démonstration*.

3°. *Dans un produit de plusieurs facteurs, on peut intervertir l'ordre de deux facteurs consécutifs quelconques.*

Par exemple,

$$5 \times 2 \times 6 \times 3 \times 4 \times 7 \times 11 = 5 \times 2 \times 6 \times 4 \times 3 \times 7 \times 11.$$

Représentons par P le produit des facteurs 5, 2, 6 : l'égalité précédente devient

$$P \times 3 \times 4 \times 7 \times 11 = P \times 4 \times 3 \times 7 \times 11.$$

Or $P \times 3 \times 4 = P \times 4 \times 3$ [2°] : donc ces deux produits, successivement multipliés par 7 et par 11, donneront des résultats égaux.

4° *Le produit ne change pas quand on intervertit l'ordre des facteurs.*

Soit, pour fixer les idées, le produit $5 \times 2 \times 6 \times 3 \times 4 \times 7 \times 11$: il est égal, par exemple, à $3 \times 11 \times 5 \times 4 \times 2 \times 7 \times 6$.

En effet, en intervertissant l'ordre de deux facteurs consécutifs convenablement choisis, on pourra faire avancer, successivement, le facteur 3, puis le facteur 11, etc., comme il suit :

$$5 \times 2 \times 6 \times 3 \times 4 \times 7 \times 11 = 5 \times 2 \times 3 \times 6 \times 4 \times 7 \times 11$$
$$= 5 \times 3 \times 2 \times 6 \times 4 \times 7 \times 11 = 3 \times 5 \times 2 \times 6 \times 4 \times 7 \times 11$$
$$= 3 \times 5 \times 2 \times 6 \times 4 \times 11 \times 7 = 3 \times 5 \times 2 \times 6 \times 11 \times 4 \times 7$$
$$= 3 \times 5 \times 2 \times 11 \times 6 \times 4 \times 7 = 3 \times 5 \times 11 \times 2 \times 6 \times 4 \times 7$$
$$= 3 \times 11 \times 5 \times 2 \times 6 \times 4 \times 7 = 3 \times 11 \times 5 \times 2 \times 4 \times 6 \times 7$$
$$= 3 \times 11 \times 5 \times 4 \times 2 \times 6 \times 7 = 3 \times 11 \times 5 \times 4 \times 2 \times 7 \times 6.$$

42. Corollaire I [*]. — *Pour multiplier un nombre par un produit, on peut multiplier ce nombre par le premier facteur, puis le résultat par le deuxième facteur, et ainsi de suite.*

Par exemple,

$$3 \times (2 \times 5 \times 4) = 3 \times 2 \times 5 \times 4.$$

En effet, d'après le théorème précédent, le premier produit

$$= (2 \times 5 \times 4) \times 3 = 2 \times 5 \times 4 \times 3 = 3 \times 2 \times 5 \times 4.$$

43. Corollaire II. — *On peut remplacer plusieurs facteurs d'un produit par leur produit effectué.*

---

[*] *Corollaire* est synonyme de *conséquence*.

Par exemple,

$$5 \times 2 \times 6 \times 3 \times 4 \times 7 \times 11 \times 9$$
$$= 5 \times (6 \times 4 \times 11 \times 9) \times (2 \times 3 \times 7).$$

D'après le corollaire 1, le second produit

$$= 5 \times 6 \times 4 \times 11 \times 9 \times 2 \times 3 \times 7\ ;$$

et, en vertu du théorème, ce nouveau produit ne diffère pas de

$$5 \times 2 \times 6 \times 3 \times 4 \times 7 \times 11 \times 9.$$

44. Théorème II. — *Pour ajouter ou pour retrancher plusieurs produits qui renferment un facteur commun, on peut ajouter ou retrancher les facteurs non communs, et multiplier le résultat par le facteur commun.*

Ainsi

$$7 \times 5 + 7 \times 13 - 7 \times 8 = 7 \times (5 + 13 - 8) = 7 \times 10 = 70.$$

D'après la définition, 7×5 représente 5 *fois* le nombre 7, et 7×13 représente 13 *fois* ce même nombre. Or 5 fois et 13 fois une chose font $(5+13)$ fois ou 18 fois cette même chose; etc. *.

45. Remarque. — Au lieu de l'égalité

$$7 \times 5 + 7 \times 13 - 7 \times 8 = 7 \times (5 + 13 - 8),$$

on peut écrire, en changeant l'ordre des deux membres et l'ordre des facteurs :

$$(5 + 13 - 8) \times 7 = 5 \times 7 + 13 \times 7 - 8 \times 7.$$

Par conséquent :
Pour multiplier, par un facteur, le résultat de l'addition ou de la soustraction de plusieurs nombres, on peut multiplier chaque nombre par le facteur, et faire l'addition ou la soustraction des produits partiels ainsi obtenus **.

---

* Ce théorème très-simple a une extrême importance : presque toutes les simplifications de calcul en sont des applications.
** On verra plus loin que l'emploi des quantités négatives permet d'énoncer ainsi cette proposition :
Pour multiplier une somme par un nombre, on peut multiplier chacune des parties de la somme par ce nombre, et ajouter les produits partiels ainsi obtenus.

46. *Multiplication de deux nombres d'un seul chiffre.* — Il est essentiel de savoir *par cœur* les produits composés de deux facteurs d'un seul chiffre. La table suivante, qui renferme ces produits, porte le nom de *table de Pythagore* :

1	2	3	4	5	6	7	8	9
2	4	6	8	10	12	14	16	18
3	6	9	12	15	18	21	24	27
4	8	12	16	20	24	28	32	36
5	10	15	20	25	30	35	40	45
6	12	18	24	30	36	42	48	54
7	14	21	28	35	42	49	56	63
8	16	24	32	40	48	56	64	72
9	18	27	36	45	54	63	72	81

La première colonne verticale contient les neuf premiers nombres naturels.

La deuxième colonne renferme leurs produits par 2 : pour la former, on écrit 2, puis

$$4 = 2 + 2 = 2 \times 2,$$

puis
$$6 = 3 + 3 = 3 \times 2,$$

puis
$$8 = 4 + 4 = 4 \times 2,$$

etc.

De même, la troisième colonne se forme en écrivant 3, puis

$$6 = 4 + 2 = 2 \times 2 + 2 = 2 \times 3,$$

puis
$$9 = 6 + 3 = 3 \times 2 + 3 = 3 \times 3,$$

puis
$$12 = 8 + 4 = 4 \times 2 + 4 = 4 \times 3,$$

etc.

On continue ainsi jusqu'à la neuvième colonne verticale : cette dernière ligne contient les produits des nombres 1, 2, 3,... 9 par 9.

D'après la manière dont cette table *à double entrée* est construite, si l'on cherche dans la première colonne *de gauche* le multiplicande donné, puis, dans la ligne d'*en haut*, le multiplicateur donné, et qu'on lise le nombre placé dans la case qui répond à la fois à ces deux facteurs, ce nombre sera le produit demandé. Par exemple, 48 est situé sur la 6e ligne horizontale et dans la 8e colonne verticale : donc $6 \times 8 = 48$.

47. *Multiplication d'un nombre de plusieurs chiffres par un nombre d'un seul chiffre.* — Soit à multiplier 487 par 5. Le produit cherché est la somme de 5 nombres égaux à 487 [38] ; on pourrait donc l'obtenir en faisant l'addition suivante :

$$\begin{array}{r} 487 \\ 487 \\ 487 \\ 487 \\ 487 \\ \hline 2\,435 \end{array}$$

Mais, dans cette addition, la somme des unités est 7×5 ; de même la somme des dizaines est 8×5, etc. On peut donc, pour abréger, écrire *une seule fois* le multiplicande 487, et multiplier par 5, successivement, les unités, les dizaines et les centaines de ce nombre. Il est presque superflu de dire que, afin de pouvoir faire commodément les retenues, *on commence par la droite du multiplicande*.

L'opération prend alors la disposition suivante

Multiplicande	487
Multiplicateur	5
Produit	2 435

Pour trouver ce produit, on dit : 5 *fois* 7, 35 ; 5 *fois* 8, 43 (en ajoutant les 3 dizaines provenant du premier produit[*]) : 5 *fois* 4, 24 (en ajoutant 4 centaines provenant du deuxième produit).

---

[*] L'addition des retenues doit toujours se faire mentalement. Nous ne saurions trop recommander aux élèves d'éviter les phrases inutiles, telles que celle-ci : 5 *fois* 7, 35 ; je pose 5 et je retiens 3 ; 5 *fois* 8, 40 ; 40 et 3 font 43 ; je pose 3 et je retiens 4, etc.

16   ARITHMÉTIQUE.

48. *Multiplication de deux nombres quelconques.* — Prenons pour exemple $4\,785 \times 357$. Comme 357 peut se décomposer en $300 + 50 + 7$, il suffira, pour obtenir le produit cherché, de multiplier 4785 par 7, par 50, par 300, et d'ajouter les produits partiels [37 et 44].

La première multiplication se fera comme il vient d'être dit.

Le produit de 4 785 par 50 est [42] égal à

$$4\,785 \times 5 \times 10 = 10 \times (4\,785 \times 5).$$

Donc, pour former ce produit, nous multiplierons 4 785 par 5, deuxième chiffre du multiplicateur, et nous ferons *exprimer des dizaines* au résultat.

Semblablement,

$$4\,785 \times 300 = 4\,785 \times 3 \times 100 = 100 \times (4\,785 \times 3)$$
$$= (4\,785 \times 3) \text{ centaines.}$$

L'opération se dispose ainsi :

```
Multiplicande      4 785
Multiplicateur       357
                  ──────
                  33 495
                 239 25
                1 435 5
                  ──────
Produit         1 708 245
```

49. *Multiplication de deux nombres terminés par des zéros.* — Considérons $34\,000 \times 5700$.

Ce produit $= (34 \times 1000) \times (57 \times 100)$
$= 1\,000 \times 100 \times (34 \times 57) = (34 \times 57)$ centaines de mille.

Il faut donc *multiplier sans avoir égard aux zéros, et ajouter, à la droite du produit, autant de zéros que l'on en a supprimé.*

Voici un exemple dans lequel les deux facteurs, outre les zéros qui les terminent, renferment encore d'autres zéros :

```
              90 023 000 400 000
              80 000 070 000 300
              ──────────────────
                  27 006 900 12
              6 304 610 028
          7 204 840 032
          ─────────────────────────────
          7 204 846 333 637 034 900 120 000 000
```

50. Remarque. — *Il n'est pas nécessaire de commencer par la droite du multiplicateur; il suffit d'écrire les produits partiels de manière que les unités de même espèce soient dans une même colonne verticale.* Néanmoins, la disposition ordinaire est la plus commode. Il n'est pas indispensable, non plus, de prendre pour multiplicande le facteur écrit au-dessus de l'autre.

51. Preuve de la multiplication. — Pour *vérifier* un produit, on change l'ordre des facteurs. Par exemple, pour vérifier le produit de 4 785 par 357, obtenu ci-dessus, nous prendrons 4 785 pour multiplicateur et 357 pour multiplicande, comme il suit :

$$\begin{array}{r} 4\,785 \\ 357 \\ \hline 4\,785 \\ 23\,56 \\ 249\,9 \\ 4\,428 \\ \hline 1\,708\,245 \end{array}$$

De la division.

52. Définition. — En général, *la division est une opération par laquelle on trouve l'un des deux facteurs d'un produit, connaissant ce produit et l'autre facteur.*

Le produit et le facteur donné se nomment, respectivement, *dividende* et *diviseur*; le facteur cherché prend le nom de *quotient*.

53. Dans la division des nombres entiers, les seuls dont nous nous occupions actuellement, une difficulté se présente : si l'on donne 37 pour dividende et 8 pour diviseur, l'opération proposée parait impossible, attendu qu'il n'existe aucun nombre entier qui, multiplié par 8, reproduise 37.

Néanmoins, comme ce dernier nombre est compris entre 8×4 et 8×5, on dit que 4 *est le quotient entier de* 37 *par* 8, ou que 4 est le quotient, par 8, du *plus grand multiple de* 8 *contenu dans* 37[*].

---

[*] On appelle *multiple* d'un nombre entier le produit de ce nombre par un autre nombre entier : $12 = 4 \times 3$ est un multiple de 4.

54. Avec la restriction indiquée, une division donnée ne peut jamais être impossible, et elle conduit, en général, à *un reste moindre que le diviseur.* Ainsi, comme $37 = 8 \times 4 + 5$, 5 est le reste provenant de la division de 37 par 8.

55. L'égalité précédente donne

$$5 = 37 - 8 \times 4 = 37 - 8 - 8 - 8 - 8,$$

c'est-à-dire que *le quotient entier indique* aussi *combien de fois le diviseur peut être retranché du dividende.* Sous ce point de vue, la division peut être considérée comme *une soustraction répétée.*

56. Pour indiquer une division, on place le signe : entre le dividende et le diviseur disposés *horizontalement,* ou le signe — *au-dessous* du dividende et *au-dessus* du diviseur.
Exemple :

$$15 : 5 = 3, \quad \text{ou} \quad \frac{15}{5} = 3.$$

57. *Division par un nombre d'un seul chiffre, le quotient n'ayant qu'un chiffre.* — Dans ce cas, le dividende a au plus *deux* chiffres. Et comme il est compris entre deux multiples successifs du diviseur, la table de multiplication donne le quotient.

Si l'on veut trouver, au moyen de cette table, le quotient de 37 par 8, on cherche, dans la colonne verticale marquée 8, le dividende 37 ou le multiple de 8 immédiatement inférieur à 37 ; ce multiple, qui est 32, est situé sur la ligne horizontale marquée 4 : le quotient demandé est donc 4.

Ajoutons qu'il est indispensable de savoir calculer mentalement le quotient, quand le dividende a deux chiffres au plus et que le diviseur a un seul chiffre.

58. *Division par un nombre formé d'un chiffre significatif suivi de plusieurs zéros, le quotient n'ayant qu'un chiffre.* — Soit à diviser 37 275 par 4 000. Le diviseur étant un nombre de *mille,* il en est de même pour son produit par le quotient cherché. Conséquemment, les 275 *unités* qui terminent le dividende n'ont aucune influence sur le quotient ; et l'on obtiendra celui-ci en divisant 37 par 4, ce qui donne 9.

ARITHMÉTIQUE.

59. *Division par un nombre de plusieurs chiffres, le quotient n'ayant qu'un chiffre.* — Le dividende est alors inférieur au nombre formé en plaçant un zéro à la droite du diviseur.

Soit, pour fixer les idées, 37 275 à diviser par 4 923.

Pour savoir entre quels multiples consécutifs du diviseur tombe le dividende, formons, *par des additions successives*, les produits suivants :

$$4\,923 \times 1 = \qquad\qquad\qquad 4\,923,$$
$$4\,923 \times 2 = 4\,923 + 4\,923 = 9\,846,$$
$$4\,923 \times 3 = 9\,846 + 4\,923 = 14\,769,$$
$$4\,923 \times 4 = 14\,769 + 4\,923 = 19\,692,$$
$$4\,923 \times 5 = 19\,692 + 4\,923 = 24\,615,$$
$$4\,923 \times 6 = 24\,615 + 4\,923 = 29\,538,$$
$$4\,923 \times 7 = 29\,538 + 4\,923 = 34\,461,$$
$$4\,923 \times 8 = 34\,461 + 4\,923 = 39\,384.$$

Nous voyons que 37 275 est compris entre $4\,923 \times 7$ et $4\,923 \times 8$: donc 7 est le quotient demandé.

60. Pour éviter la formation de ces multiples du diviseur, on observe que, celui-ci étant compris entre 4 000 et 5 000, le quotient cherché sera compris lui-même entre les quotients de 37 275 par ces deux derniers nombres, ou, ce qui est équivalent, entre $\dfrac{37}{4}$ et $\dfrac{37}{5}$ [58]. Le quotient inconnu ne peut donc être que 9, 8 ou 7. Pour essayer ce dernier nombre, retranchons, de 37 275, $4\,923 \times 7$: comme le reste 2 814 est inférieur à 4 923, le chiffre 7 est *bon*.

Le calcul se dispose comme on le voit ci-contre :

Dividende	37 275	4 923	diviseur.
	34 461	7	quotient.
Reste	2 814		

61. Il n'est pas nécessaire d'écrire, au-dessous du dividende, le produit du diviseur par le chiffre essayé ; on peut effectuer en même temps, comme il suit, la multiplication et la soustraction : 7 *fois* 3, 21 ; *de* 25 (en ajoutant 20), *reste* 4 ; 7 *fois* 2, 14, *et* 2 (à cause des deux dizaines ajoutées précédemment) *font* 16 : *de* 17 (en ajoutant 10), *reste* 1 ; etc.

62. Dans l'exemple que nous avons choisi, nous aurions pu essayer infructueusement, au lieu du véritable quotient 7, les chiffres 8 et 9. L'habitude du calcul permet presque toujours de juger, d'un coup d'œil, quel est le quotient cherché.

63. *Division de deux nombres quelconques.* — Prenons, par exemple, 238 840 507 pour dividende et 497 857 pour diviseur.

```
Dividende   238 840 507  | 497 857  diviseur.
             39 697 70   |   479    quotient.
              4 847 717  |
Reste           367 004  |
```

Comme 238 840 507 est compris entre 49 785 700 et 497 857 000, le quotient sera plus grand que 100 et moindre que 1 000 : donc il renfermera des *centaines*, des *dizaines* et des *unités*. Autrement dit, on peut retrancher, du dividende donné, 100 fois le diviseur, mais on ne peut le retrancher 1 000 fois.

Si nous essayions de retrancher du dividende le produit du diviseur par les multiples successifs de 100, nous verrions que 238 840 507 est compris entre 497 857 × 400 et 497 857 × 500 ; donc 4 est le chiffre des centaines du quotient.

Ici, comme dans le cas traité plus haut [59], il n'est pas nécessaire de former les multiples dont nous venons de parler : le produit du diviseur par le premier chiffre du quotient étant un nombre de *centaines*, les dizaines et les unités du dividende n'influent pas sur ce premier chiffre.

La première partie de la *règle* peut donc s'énoncer ainsi :

On sépare, sur la droite du dividende, assez de chiffres pour que la partie restant à gauche soit comprise entre 1 fois et 10 fois le diviseur ; cette partie forme un premier DIVIDENDE PARTIEL *qui, divisé par le diviseur, donne le premier chiffre de gauche du quotient.*

En retranchant du premier *dividende partiel* le produit du diviseur par 4, nous trouvons 396 977 pour reste ; en sorte que ce reste, suivi de la partie négligée 07, représenterait

$$238\ 840\ 507 - 497\ 857 \times 400.$$

Si nous divisons ce dernier nombre, égal à 39 697 707, par le diviseur, le quotient, composé seulement de dizaines et d'unités, sera le complément du quotient général. En répétant le raisonnement déjà employé, on conclut que, pour obtenir les dizaines de cette partie complémentaire, on doit diviser par 497 857 un deuxième *dividende partiel* formé du reste 396 977 de la première division, suivi de 0, premier chiffre de la partie séparée sur la droite du dividende général, etc.

Voici donc la seconde partie de la règle :

Ayant trouvé un certain nombre des chiffres du quotient, on abaisse, à la droite du reste déterminé par le dernier d'entre eux, le premier des chiffres qui suivent la partie du dividende déjà employée : le dividende partiel ainsi formé, étant divisé par le diviseur donné, donne un nouveau chiffre du quotient général.

64. Remarques. — 1° *Chaque quotient partiel représente des unités de même ordre que le dividende partiel correspondant;* 2° *chacun des restes doit être inférieur au diviseur;* 3° *si un dividende partiel est moindre que le diviseur, on écrit 0 au quotient.*

65. Théorème I. — *Si l'on multiplie ou si l'on divise par un même nombre un dividende et un diviseur, le quotient ne change pas, et le reste est multiplié par ce nombre.*

Représentons par A le dividende, par B le diviseur, par Q le quotient, et par R le reste; nous aurons

$$A = B \times Q + R.$$

Soit m un facteur quelconque : cette égalité donne [45]

$$A \times m = B \times Q \times m + R \times m,$$

ou

$$A \times m = B \times m \times Q + R \times m.$$

Or, par hypothèse,
$$R < B^*;$$
donc
$$R \times m < B \times m.$$

Conséquemment, d'après la dernière égalité, $A \times m$, divisé par $B \times m$, donne Q pour quotient et $R \times m$ pour reste.

66. Théorème II. — *Pour diviser un nombre par un produit, on peut diviser ce nombre par le premier facteur, puis le quotient par le deuxième facteur, et ainsi de suite : le dernier quotient trouvé est celui qui répond à la question.*

---

* Pour exprimer l'inégalité de deux nombres, on emploie le signe $>$, que l'on énonce *plus grand que*, ou le même signe renversé : il s'énonce alors *plus petit que*.

Si les divisions successives ne donnent pas de restes, la proposition est démontrée [42].

S'il y a des restes, considérons d'abord le cas de deux divisions consécutives, de manière que

$$A = B \times Q + R, \qquad Q = C \times Q' + R':$$

je dis que Q' est le quotient de A par BC.

En vertu de la seconde égalité, la première devient

$$A = BC \times Q' + BR' + R.$$

Or, les plus grandes valeurs de R' et de R sont, respectivement, $C-1$ et $B-1$; donc $BR' + R$ ne peut surpasser $B(C-1) + B - 1 = BC - B + B - 1 = BC - 1$; le produit $BR' + R$ est donc inférieur à BC. Par conséquent, *si l'on divise A par BC, on trouvera Q' pour quotient.*

Soit maintenant à diviser A par le produit $BCD = BC \times D$. D'après la démonstration précédente, si Q' est le quotient de A par BC, et que Q'' soit le quotient de Q' par D, Q'' sera le quotient cherché. Mais on vient de voir que, pour trouver Q', il suffit de diviser A par B, et de diviser ensuite par C le quotient Q de cette première division. Donc le quotient de A par BCD a été obtenu en divisant A par B, puis en divisant par C le quotient de cette première division, puis en divisant par D le quotient de la deuxième division *.

La même démonstration s'étend évidemment au cas d'un diviseur composé d'un nombre quelconque de facteurs.

67. *Preuve de la division.* — Pour que le quotient obtenu soit *bon*, il faut [53] que son produit par le diviseur, ajouté au reste, donne le dividende.

Résumé.

L'addition est une opération dont le but est de trouver un nombre renfermant toutes les unités contenues dans plusieurs nombres donnés.

Le résultat de l'addition est appelé *somme*.

On indique une addition par le signe +, que l'on énonce *plus*.

On ne peut ajouter que des grandeurs de même espèce. La somme

---

* L'emploi des lettres et des signes, qu'il serait facile d'éviter, abrège la démonstration.

est de même espèce que les grandeurs ajoutées. La somme ne change pas, quel que soit l'ordre dans lequel on effectue l'addition.

Pour l'addition de deux nombres d'un seul chiffre, on peut ajouter au premier nombre, successivement, chacune des unités qui composent le second.

Pour l'addition de nombres quelconques, on commence l'addition par les unités simples, et on retient les dizaines fournies par la somme des unités d'un ordre quelconque, pour les reporter aux unités de l'ordre immédiatement supérieur.

Pour faire la preuve de l'addition, on recommence le calcul dans un ordre différent du premier : si l'on a opéré de *haut* en *bas*, on opère de *bas* en *haut*.

La *soustraction* est une opération par laquelle, connaissant une somme et l'une de ses deux parties, on détermine l'autre partie.

Le résultat d'une soustraction est appelé *reste*.

Si l'on augmente ou si l'on diminue également deux nombres, leur différence ne change pas.

Pour la *soustraction* il faut retrancher, de chacun des chiffres du plus grand des nombres donnés, le chiffre qui lui correspond dans l'autre nombre.

Pour faire la preuve de la soustraction, en ajoutant le reste au nombre retranché, on doit retrouver la somme donnée.

La *multiplication* est une opération dans laquelle on a pour but de trouver la somme d'autant de parties égales à un nombre donné, qu'il y a d'unités dans un autre nombre donné.

Chacune de ces *parties égales* prend le nom de *multiplicande*; leur nombre s'appelle *multiplicateur*, et leur somme *produit*. Le *multiplicande* et le *multiplicateur*, sont les *facteurs du produit*.

Un produit ne change pas quand on intervertit l'ordre de ses facteurs.

Pour multiplier un nombre par un produit de plusieurs facteurs, on peut multiplier ce nombre par le premier facteur, puis le résultat par le deuxième facteur et ainsi de suite.

Pour ajouter ou pour retrancher plusieurs produits qui renferment un facteur commun, on ajoute ou l'on retranche les facteurs communs, et l'on multiplie le résultat par le facteur commun.

Pour faire la preuve de la multiplication, ou *vérifier* un produit, ou change l'ordre des facteurs.

La *division* est une opération dans laquelle on a pour but de trouver l'un des deux facteurs d'un produit, connaissant ce produit et l'autre facteur.

Le quotient entier indique combien de fois le diviseur peut être retranché du dividende. Sous ce point de vue, la division peut être considérée comme une soustraction répétée.

Pour la division de deux nombres quelconques, on sépare, sur la droite du dividende, assez de chiffres pour que la partie restant à gauche soit comprise entre 1 fois et 10 fois le diviseur ; cette partie forme un premier *dividende partiel* qui, divisé par le diviseur, donne le premier chiffre de gauche du quotient et un certain reste. Ayant obtenu un ou plusieurs des chiffres du quotient, on abaisse, a la droite du reste déterminé par le dernier d'entre eux, le premier des chiffres qui suivent la partie du dividende déjà employée : le dividende partiel ainsi formé, étant divisé par le diviseur donné, donne un nouveau chiffre du quotient général.

Dans la preuve de la division, pour qu'un quotient obtenu soit *bon*, il faut que son produit par le diviseur, ajouté au reste, donne le dividende.

CHAPITRE III.

Caractères de divisibilité par 2, 3, 5, 9, 11 (74-83). — Définition des nombres premiers et des nombres premiers entre eux (84). — Recherche du plus grand commun diviseur de deux nombres (91-96). — Décomposition d'un nombre en facteurs premiers (88,100).

Divisibilité des nombres.

68. Définition. — On dit qu'un nombre entier est *divisible* par un autre nombre entier, quand le premier nombre est un *multiple* du second, c'est-à-dire quand il est égal au produit de celui-ci par un nombre entier.

69. Théorème I. — 1° *Tout nombre qui divise les deux parties d'une somme divise la somme;*

2° *Tout nombre qui divise une somme et l'une de ses deux parties divise l'autre partie;*

3° *Tout nombre qui divise l'une des deux parties d'une somme, et qui ne divise pas l'autre partie, ne divise pas la somme.*

Les deux premières parties de la proposition peuvent, évidemment, être comprises dans ce seul énoncé · *La somme ou la différence de deux multiples d'un nombre est un multiple de ce nombre.*

Soient 7×15 et 7×4 deux multiples du nombre 7; on aura [44]

$$7 \times 15 + 7 \times 4 = 7 \times (15 + 4),$$

et

$$7 \times 15 - 7 \times 4 = 7 \times (15 - 4);$$

ce qui démontre la propriété énoncée.

Soit actuellement la somme $28 + 41$, dont l'une des parties est divisible par 7, tandis que l'autre n'est pas divisible par 7. A cause de

$$28 = 4 \times 7,$$
$$41 = 5 \times 7 + 6,$$

on aura

$$28 + 41 = 4 \times 7 + 5 \times 7 + 6$$
$$= 9 \times 7 + 6.$$

Ainsi, la somme proposée est égale à un multiple de 7 augmenté d'un nombre inférieur à 7 : elle n'est donc pas divisible par 7.

70. Théorème II. — *Tout diviseur d'un nombre divise les multiples de ce nombre.*

Soit le nombre 7, qui divise 21 : je dis que 7 divise 21×5. En effet,

$$21 \times 5 = 7 \times 3 \times 5;$$

ou, en intervertissant l'ordre des facteurs [44],

$$21 \times 5 = 3 \times 5 \times 7 = 15 \times 7.$$

Donc 21×5 est divisible par 7.

71. Théorème III. — *Tout facteur commun au dividende et au diviseur divise le reste, et tout facteur commun au diviseur et au reste divise le dividende.*

1° Soit un nombre entier A qui, divisé par le nombre entier B, ait donné le quotient entier Q et le reste R ; de manière que

$$A = B \times Q + R.$$

Si un nombre entier D divise A et B, il divise $B \times Q$ [70] ; donc, divisant la somme A et la première partie $B \times Q$, il doit diviser la seconde partie R [69, 3°].

2° Même démonstration.

72. Théorème IV. — *Si deux nombres, divisés par un troisième, donnent des restes égaux, leur différence est divisible par ce troisième nombre.*

En effet, de

$$A = D \times Q + R,$$
$$A' = D \times Q' + R,$$

on conclut [33]

$$A - A' = D \times Q - D \times Q' = D \cdot (Q - Q').$$

73. Théorème V. — *Si deux nombres* A, B, *divisés par un troisième nombre* D, *ont donné des restes* R, R', *la différence entre le produit des deux dividendes et le produit des deux restes est divisible par le diviseur commun* D.

Prenons, pour fixer les idées, A = 64, B = 35, D = 11 : les quotients sont 3 et 5, et les restes, 9 et 2. Nous aurons

$$64 = 5 \times 11 + 9,$$
$$35 = 3 \times 11 + 2;$$

en sorte que le produit des deux dividendes peut être décomposé comme il suit :

$$5 \times 11 \times 3 \times 11 + 9 \times 3 \times 11 + 5 \times 11 \times 2 + 9 \times 2.$$

Des quatre parties de ce produit, les trois premières sont évidemment des multiples de 11 : donc leur somme est un multiple de 11 [69, 1°]. Ainsi,

$$64 \times 35 = \mathcal{M}^{*} 11 + 9 \times 2,$$

ou

$$64 \times 35 - 9 \times 2 = \mathcal{M} 11.$$

La différence entre le produit des deux dividendes et le produit des deux restes est donc un multiple du diviseur. C'est ce qu'il fallait démontrer.

Caractères de divisibilité.

74. *Pour qu'un nombre soit divisible par* 2, *il faut et il suffit que le chiffre de ses unités soit pair* **.

En effet, à cause de 10 = 2 × 5, un nombre quelconque est un multiple de 2, augmenté du chiffre de ses unités : suivant que ce chiffre est pair ou impair, le nombre est ou n'est pas divisible par 2.

---

* La lettre $\mathcal{M}$ s'énonce : *multiple de*.
** Un nombre est dit *pair* ou *impair*, selon qu'il est divisible ou non divisible par 2. Zéro est considéré comme un nombre pair.

75. *Pour qu'un nombre soit divisible par 5, il faut et il suffit que le chiffre de ses unités soit 0 ou 5.*

Même démonstration.

76. *Pour qu'un nombre soit divisible par 4 ou par 25, il faut et il suffit que le nombre formé par ses deux premiers chiffres à droite soit divisible par 4 ou par 25.*

Un nombre quelconque peut se décomposer en *centaines* et en *unités*. Or, $100 = 4 \times 25$; donc le nombre se compose d'un multiple de 4 et de 25, augmenté des unités exprimées par ses deux premiers chiffres à droite : suivant que ces unités sont ou ne sont pas divisibles par 4 ou par 25, le nombre lui-même est ou n'est pas divisible.

77. Les démonstrations précédentes prouvent que :

1° *Le reste de la division d'un nombre par 2 ou par 5 est égal au reste obtenu en divisant par 2 ou par 5 le chiffre de ses unités.*

2° *Le reste de la division d'un nombre par 4 ou par 25 est égal au reste obtenu en divisant par 4 ou par 25 le nombre formé par ses deux premiers chiffres de droite.*

78. Théorème. — *Un nombre quelconque est égal à un multiple de 9, augmenté de la somme de ses chiffres.*

En effet,

1°
$$10 = 9 + 1,$$
$$100 = 99 + 1 = \mathfrak{M}\, 9 + 1,$$
$$1000 = 999 + 1 = \mathfrak{M}\, 9 + 1, \text{ etc.}$$

Et, en général, *un nombre formé de l'unité suivie de plusieurs zéros est un multiple de 9, plus 1.*

2° *Un nombre formé d'un chiffre quelconque, suivi de plusieurs zéros, est un multiple de 9, augmenté de ce chiffre.*

Le nombre 4 000, par exemple, est égal à $1\,000 \times 4$. Or,

$$1\,000 = \mathfrak{M}\, 9 + 1;$$

donc

$$4\,000 = (\mathfrak{M}\, 9) \times 4 + 4;$$

ou, en observant que 4 fois un multiple de 9 est encore un multiple de 9 [70] :

$$4\,000 = \mathfrak{M}\, 9 + 4.$$

3° Soit un nombre quelconque, par exemple 27 653.

Nous pouvons écrire :

$$27\,653 = 20\,000 + 7\,000 + 600 + 50 + 3.$$

Or,

$$20\,000 = \mathfrak{M}\,9 + 2, \quad 7\,000 = \mathfrak{M}\,9 + 7, \text{ etc.};$$

donc [69, 1°]

$$27\,653 = \mathfrak{M}\,9 + 2 + 7 + 6 + 5 + 3.$$

79. La proposition qui vient d'être démontrée équivaut à celle-ci : *Le reste de la division d'un nombre par 9 est égal au reste obtenu en divisant par 9 la somme de ses chiffres.*

Par suite, *pour qu'un nombre soit divisible par 9, il faut et il suffit que la somme de ses chiffres soit divisible par 9.*

80. Les propriétés démontrées pour le nombre 9 appartiennent aussi au nombre 3.

81. Théorème. — *Un nombre quelconque est égal à un multiple de* 11, *augmenté de la somme de ses chiffres de rang impair, et diminué de la somme de ses chiffres de rang pair.*

1° *Un nombre formé de l'unité suivie de plusieurs zéros est un multiple de* 11 *plus ou moins* 1, *selon que le nombre des zéros est pair ou impair.*

En effet :

$$\begin{aligned}
10 &= \mathfrak{M}\,11 - 1, \\
100 &= 10 \times 10 = \mathfrak{M}\,11 - 10 = \mathfrak{M}\,11 + 1, \\
1\,000 &= 100 \times 10 = \mathfrak{M}\,11 + 10 = \mathfrak{M}\,11 - 1, \\
10\,000 &= 1\,000 \times 10 = \mathfrak{M}\,11 - 10 = \mathfrak{M}\,11 + 1,
\end{aligned}$$

etc.

2° *Un nombre formé d'un chiffre quelconque, suivi de plusieurs zéros, est un multiple de* 11, *augmenté ou diminué de ce chiffre, selon que le nombre des zéros est pair ou impair.*

Par exemple, $6\,000 = 1\,000 \times 6 = (\mathfrak{M}\,11 - 1) \times 6$
$$= \mathfrak{M}\,11 - 6.$$

3° Soit maintenant le nombre 65 432.

A cause de
$$\begin{aligned}
60\,000 &= \mathfrak{M}\,11 + 6, \\
5\,000 &= \mathfrak{M}\,11 - 5, \\
400 &= \mathfrak{M}\,11 + 4, \\
30 &= \mathfrak{M}\,11 - 3, \\
2 &= \phantom{\mathfrak{M}\,11 +} 2,
\end{aligned}$$

on a
$$65\,432 = \mathfrak{M}\,11 + 6 - 5 + 4 - 3 + 2$$
$$= \mathfrak{M}\,11 + (6 + 4 + 2) - (5 + 3) :$$

le théorème est donc démontré.

82. Corollaire I. — *Le reste de la division d'un nombre par 11 est égal au reste obtenu en divisant, par 11, l'excès de la somme de ses chiffres de rang impair sur la somme de ses chiffres de rang pair.*

Corollaire II. — *Pour qu'un nombre soit divisible par 11, il faut et il suffit que l'excès de la somme de ses chiffres de rang impair sur la somme de ses chiffres de rang pair soit divisible par 11.*

83. Remarque. — Si la somme des chiffres de rang pair surpasse l'autre somme, on ajoute à celle-ci, ou on retranche de celle-là, un multiple convenable de 11.

Soit, par exemple, le nombre 2 718 194. Pour avoir le reste de sa division par 11, il faudrait, suivant la règle exprimée par le premier corollaire, retrancher $9 + 6 + 7$ de $4 + 1 + 1 + 2$, ce qui est impossible. Mais comme

$$2\,718\,194 = \mathfrak{M}\,11 + (4 + 1 + 1 + 2) - (9 + 8 + 7),$$

et que
$$9 + 8 + 7 = \mathfrak{M}\,11 + 2,$$
on peut écrire :
$$2\,718\,194 = \mathfrak{M}\,11 + (4 + 1 + 1 + 2) - 2;$$

donc enfin le nombre proposé, divisé par 11, donne pour reste

$$4 + 1 + 1 + 2 - 2 = 6.$$

Des nombres premiers.

84. Définition. — Un nombre *premier* est celui qui n'est divisible que par lui-même et par l'unité : 2, 3, 5, 7, 11, 13,.... sont des nombres premiers.

Deux ou plusieurs nombres sont dits *premiers entre eux* lorsqu'ils n'ont d'autre commun diviseur que l'unité : 4 et 9 sont dans ce cas. De même 4, 9 et 16 sont premiers entre eux, bien que 4 divise 16.

85. Il est évident que *deux nombres premiers sont toujours premiers entre eux*. De plus, *tout nombre premier qui ne divise pas un autre nombre est premier avec celui-ci*.

Soient, par exemple, le nombre premier 13 et le nombre 48, non divisible par 13. Ces deux nombres n'ont donc d'autre diviseur commun que l'unité; c'est-à-dire qu'*ils sont premiers entre eux*.

86. On a formé des tables, fort utiles pour résoudre certains problèmes, qui renferment les nombres premiers compris dans une limite donnée. Par exemple, la table de *Burckhardt* contient tous les nombres premiers inférieurs à 3 000 000. Il n'est pas possible d'en construire une contenant *tous les nombres premiers*; car, ainsi que nous le démontrerons tout à l'heure, *la suite des nombres premiers est illimitée*.

Il est essentiel de se rappeler les nombres premiers les plus simples, par exemple ceux qui sont inférieurs à 100; les voici :
1, 2, 3, 5, 7, 11, 13, 17, 19, 23, 29, 31, 37, 41, 43, 47, 53, 59, 61, 67, 71, 73, 79, 83, 89, 97.

87. Problème. — *Construire une table de nombres premiers.*

Supposons, pour prendre un cas très-simple, que l'on veuille former une petite table renfermant les nombres premiers inférieurs à 100, c'est-à-dire ceux dont il vient d'être question. Afin de n'avoir pas à écrire les 100 premiers nombres naturels*, commençons, comme on le voit ci-après, par former une table *à double entrée*, composée de 10 lignes horizontales et de 10 colonnes verticales; puis, dans la première ligne, écrivons 1, 2, 3, 4, 5, 6, 7, 8, 9; et, dans la première colonne, inscrivons les dizaines 10, 20, 30,... 90 : une case vide quelconque sera considérée comme renfermant le nombre composé des dizaines et des unités qui correspondent à cette case.

---

* Si la limite donnée était 1 000 000, au lieu d'être 100, le nombre des chiffres que l'on devrait commencer par écrire, en suivant le procédé connu sous le nom de *crible d'Ératosthène*, serait (en supprimant les nombres pairs) :

$$5 \times 1 + 45 \times 2 + 450 \times 3 + 4\,500 \times 4 + 45\,000 \times 5 + 450\,000 \times 6 = 2\,944\,445.$$

Il serait bien difficile d'employer moins de *trois mois* à ce travail préliminaire. On voit donc que le procédé indiqué dans la plupart des Traités d'arithmétique est impraticable. Celui que nous proposons n'est pas nouveau : il date de 1832.

	1	2	3	4	5	6	7	8	9
10									
20									
30									
40									
50									
60									
70									
80									
90									

Cela posé, si l'on *barre* d'abord les cases de 2 en 2 à partir de 4; puis de 3 en 3 à partir de 9; puis de 5 en 5 à partir de 25; puis enfin de 7 en 7 à partir de 49, il est visible que les cases non barrées correspondent à des nombres premiers. Ceux-ci sont donc 1, 2, 3, 5, 7,... 97.

88. Lemme *. — *Tout nombre entier* N, *autre que l'unité, est divisible par un nombre premier supérieur à l'unité.*

La proposition se vérifie directement sur les nombres 2, 3, 4, 5. Admettons donc qu'elle ait lieu pour les nombres inférieurs à N, et prouvons qu'elle subsiste pour N.

1° Si le nombre N est premier, il est divisible par N; donc la proposition est vraie;

2° Si le nombre N n'est pas premier, il est décomposable en deux facteurs plus grands que 1, et pour lesquels, par hypo-

---

* Un *lemme* est une proposition préliminaire, souvent peu importante par elle-même.

thèse, la proposition a lieu ; donc elle est vraie pour le nombre N*.

89. Théorème. — *La suite des nombres premiers est illimitée.*

Soit P un nombre premier, aussi grand qu'on voudra le supposer : je dis qu'il y a au moins un nombre premier P', supérieur à P.

Au produit de tous les nombres premiers qui ne surpassent pas P, ajoutons l'unité ; nous formerons un nombre

$$N = (2 . 3 . 5 . 7 \ldots P) + 1$$

plus grand que P, et admettant au moins un diviseur premier P' [88]. Ce diviseur P' ne peut être aucun des facteurs 2, 3, 5,... P; car chacun d'eux divise une seule des parties dont N est la somme ; donc P' surpasse P. C'est ce qu'il fallait démontrer.

90. Problème. — *Décomposer un nombre en facteurs premiers.*

Quand un nombre n'est pas premier, il est égal à un produit de facteurs premiers [88].

Soit, par exemple, le nombre 623 790. En appliquant les *caractères de divisibilité* démontrés plus haut on reconnaît que ce nombre est divisible par le facteur premier 2. Il suffit donc de décomposer le quotient correspondant à ce facteur, c'est-à-dire 311 895. Ce nouveau nombre n'est pas divisible par 2, mais il est divisible par 3, et il donne pour quotient 103 965. Nous pouvons donc écrire :

$$623\,790 = 2 \times 3 \times 103\,965 ;$$

puis

$$623\,790 = 2 \times 3 \times 3 + 34\,655 = 2 \times 3 \times 3 \times 5 \times 6\,931.$$

* Le mode de démonstration dont nous venons de donner un premier exemple est fréquemment employé. Dans le cas actuel, il se réduit à cette suite indéfinie de propositions :

Le nombre 2 est divisible par un nombre supérieur à 1; *donc il en est de même pour le nombre* 3.

Les nombres 2 et 3 sont divisibles, chacun, par un nombre supérieur à 1; *donc il en est de même pour le nombre* 4.

Les nombres 2, 3, 4 sont divisibles, chacun, par un nombre supérieur à 1; *donc il en est de même du nombre* 5.

Etc.

Le quotient 6 931 n'est divisible par aucun des nombres premiers moindres que 29 ; mais, divisé par ce facteur, il donne pour nouveau quotient 239 ; et comme ce dernier nombre n'est divisible par aucun des facteurs premiers inférieurs à sa moitié, il est premier [*]. La décomposition demandée est donc

$$632\,790 = 2 \times 3 \times 3 \times 5 \times 29 \times 239.$$

Le calcul se dispose de la manière suivante :

623 790	2
311 895	3
103 965	3
34 655	5
6 931	29
239	239

Du plus grand commun diviseur.

91. *Le plus grand commun diviseur de deux nombres*, c'est-à-dire le plus grand de tous les diviseurs qui leur sont communs, *ne peut* évidemment *surpasser le plus petit de ces deux nombres.* De plus, *si le plus petit des deux nombres divise le plus grand*, comme il se divise lui-même, *il est leur plus grand commun diviseur.*

92. Problème. — *Trouver le plus grand commun diviseur de deux nombres.* Supposons, pour fixer les idées, que l'on demande le plus grand commun diviseur des nombres 7 260 et 960. D'après la dernière remarque, on essayera la division du plus grand nombre par le plus petit : elle ne réussit pas, et donne pour quotient 7, et pour reste 540.

| 7 260 | 960 |
| 540 | 7 |

Le plus grand commun diviseur cherché n'est donc pas 960. Mais comme les diviseurs communs à 7 260 et 960 sont communs à 960 et 540, *et vice versa* [71], il s'ensuit que si l'on

---

[*] Avec un peu d'attention, le lecteur reconnaîtra qu'il n'est pas nécessaire d'essayer tous les diviseurs inférieurs à la moitié de 239. Il pourra même démontrer la proposition suivante : *un nombre est premier s'il n'est divisible par aucun des nombres premiers qui donnent un quotient supérieur au diviseur.*

écrivait, d'une part, les diviseurs communs à 7 260 et 960, et, en second lieu, les diviseurs communs à 960 et 540, ces deux séries contiendraient absolument les mêmes nombres : en particulier, *le plus grand des diviseurs compris dans la première série serait égal au plus grand des diviseurs appartenant à la seconde*. Ainsi : *Quand deux nombres ne sont pas divisibles l'un par l'autre, leur plus grand commun diviseur est égal au plus grand commun diviseur du plus petit d'entre eux et du reste de la division du plus grand par le plus petit.*

La question est donc ramenée à la recherche du plus grand commun diviseur entre 960 et 540. On peut répéter, sur ces deux nombres, les raisonnements précédents, et l'on arrive à cette règle générale :

Pour obtenir le plus grand commun diviseur de deux nombres donnés, on divise le plus grand par le plus petit, puis celui-ci par le reste, puis le premier reste par le deuxième, etc., jusqu'à ce qu'on arrive à un reste nul : le reste qui précède celui-ci est le plus grand commun diviseur cherché.

Le calcul se dispose comme on le voit sur cet exemple, dans lequel 60 est le plus grand commun diviseur :

	7	1	1	3	2
7 260	960	540	420	120	60
540	420	120	60	0	

93. Remarque. — Si l'avant-dernier reste est 1, les deux nombres donnés sont premiers entre eux.

94. *Tout nombre qui en divise deux autres, divise leur plus grand commun diviseur.*

Soit le nombre 12, qui divise 7 260 et 960 [92] : il divisera 540 [71]. Divisant 960 et 540, il divisera 420, etc.; enfin, il divisera l'avant-dernier reste 60, ou le plus grand commun diviseur entre 7 260 et 960.

95. *Quand on multiplie ou quand on divise deux nombres par un facteur, leur plus grand commun diviseur est multiplié ou divisé par ce facteur.*

Dans le calcul ci-dessus, remplaçons 7 260 et 960 par $7\,260 \times 11$ et 960×11 : le quotient de ces deux derniers nombres sera 7, et le reste de la division sera 540×11 [65]. De même, en divisant 960×11 par 540×11, on trouvera pour quotient 1, et pour reste 420×11. En continuant de la sorte, on voit que tous les restes de la première opération sont multipliés par 11 : le plus grand commun diviseur 60 étant l'un de ces restes, il sera donc multiplié par 11.

La démonstration serait la même si, au lieu de multiplier les deux nombres par un même facteur, on les divisait.

96. *Deux nombres, divisés par leur plus grand commun diviseur* D, *donnent des quotients premiers entre eux.*

En effet, d'après ce qui vient d'être démontré, le plus grand commun diviseur des deux quotients sera $\frac{D}{D}$, c'est-à-dire l'unité.

97. **Théorème I.** — *Tout nombre qui divise un produit de deux facteurs, et qui est premier avec l'un d'eux, divise l'autre.*

Je dis que si N divise le produit de A par B, et qu'il soit premier avec A, il divise B.

En effet, le plus grand commun diviseur entre N et A est l'unité [84] : donc le plus grand commun diviseur entre $N \times B$ et $A \times B$ sera B [95]. Mais, évidemment, N divise $N \times B$; et comme il divise $A \times B$, il doit diviser B [94].

98. **Théorème II.** — *Tout nombre premier, qui divise un produit, divise au moins un des facteurs de ce produit.*

Soit P un nombre premier qui divise le produit $A \times B \times C \times D$. Si P ne divise pas D, ces deux nombres sont premiers entre eux [85] ; donc, par le théorème précédent, P doit diviser $A \times B \times C$. De même, si P ne divise pas C, il doit diviser $A \times B$. Enfin, si P ne divise pas B, il doit diviser A.

99. **Théorème III.** — *Les puissances de deux nombres premiers entre eux sont premières entre elles.*

Soient les nombres 4 et 9, premiers entre eux. Je dis que 4^5 et 9^2 n'ont aucun facteur commun. En effet, s'il en était autrement, ce facteur, que l'on peut supposer premier, devrait, contrairement à l'hypothèse, diviser 4 et 9 [98].

100. **Théorème IV.** — *Un nombre n'est décomposable qu'en un seul système de facteurs premiers.*

1° Soit, s'il est possible,

$$2^3 \times 3^2 \times 7^3 = 5^2 \times 11 \times 13,$$

ou

$$2 \times 2 \times 2 \times 3 \times 3 \times 7 \times 7 \times 7 = 5 \times 5 \times 11 \times 13.$$

Le premier membre de l'égalité est divisible par 2 : donc il faudrait [98] que ce facteur premier divisât 5, 11 ou 13; ce qui est absurde.

2° Si l'on admet que le second système de facteurs premiers ne diffère du premier système que par les exposants de ces facteurs, on arrive également à une impossibilité. Par exemple, si l'on supposait
$$2^3 \times 3^2 \times 7^5 = 2^4 \times 3^3 \times 7^2,$$
on obtiendrait, par la suppression des facteurs communs aux deux membres,
$$7 = 2 \times 3;$$
et l'on vient de voir qu'une pareille égalité est absurde.

101. Théorème V.—*Le plus grand commun diviseur de plusieurs nombres est égal au produit de leurs facteurs premiers communs, chacun d'eux étant pris avec son plus petit exposant.*

Soient
$$A = 2^5 \times 3^6 \times 5^2 \times 7^3,$$
$$B = 2^4 \times 3^7 \times 5^3 \times 13,$$
$$C = 2^6 \times 3^5 \times 13^2 \times 17,$$
trois nombres donnés.

Tout diviseur de A est formé des facteurs premiers 2, 3, 5, 7, pris ensemble ou séparément [100]. De même pour B et pour C. Donc un diviseur *quelconque*, commun à A, B, C, se compose seulement des facteurs premiers 2 et 3, communs à ces trois nombres. Nous obtiendrons donc le plus grand commun diviseur cherché Δ, si nous prenons 4 *fois* le facteur 2 et 5 *fois* le facteur 3; c'est-à-dire que
$$\Delta = 2^4 \cdot 3^5.$$

102. Remarque. — Le plus grand commun diviseur étant égal au produit des facteurs premiers communs, il s'ensuit qu'on ne *change pas le plus grand commun diviseur de deux nombres, si l'on supprime dans l'un d'eux un facteur premier par rapport à l'autre.*

Cette remarque, et la propriété démontrée dans le n° 95, permettent de simplifier notablement les calculs, souvent fastidieux, auxquels on est conduit par l'application absolue de la règle donnée ci-dessus [92]. Pour le faire voir, cherchons le plus grand commun diviseur des nombres 2 873 436 et 975 300. Cette règle donnerait lieu à l'opération suivante :

ARITHMÉTIQUE.

	2	1	17	1	1
2 873 436	975 300	922 836	52 464	30 948	21 516
922 836	52 464	398 196	21 516	9 432	2 652
		30 948			

	2	3	1	1	3	1	11	2
	9 432	2 652	1 476	1 476	300	276	24	12
	1 476	1 176	300	276	24	36	0	
						12		

Au lieu de faire ce long calcul, divisons par 3, puis par 4, les deux nombres donnés : nous aurons à multiplier par 12 le plus grand commun diviseur des quotients 239 453 et 81 275 [95]. 81 275 est divisible par 25, qui est premier avec 239 453 : nous pouvons donc supprimer ce facteur 25 et remplacer 81 275 par $\frac{81\,275}{25} = 3\,251^*$. De même, en divisant 239 453 par 3 251, nous trouvons le reste 2 130 divisible par 2, 3, 5, tandis que 3 251 n'est divisible par aucun de ces facteurs ; nous pouvons donc les supprimer, et remplacer 2 130 par $71 = \frac{2\,130}{2.3.5}$. Enfin 3 251 divisé par 71 donne pour reste 56, nombre premier avec 71. Les deux nombres 239 453 et 81 275 sont donc premiers entre eux, et le plus grand commun diviseur des deux nombres donnés est $3 \times 4 = 12$. Voici la disposition du calcul :

	2 873 436	975 300	
3	957 812	325 100	
4	239 453	81 275	
		3 251	
		73	45
	239 453	3 251	71
	11 883	444	
	2 130	56	
	71	7	
		1	

$$\Delta = 3 \times 4 = 12.$$

* Pour diviser un nombre par 5, 25, 125,... on le multiplie par 2, 4, 8,... et l'on supprime un, deux, trois... zéros sur la droite du produit. Par exemple, $\frac{81\,275}{25} = \frac{81\,275 \times 4}{100} = 3\,251$. La raison de cette règle est évidente par le n° 65.

1. Arithmétique.

Du plus petit multiple.

103. Problème. — *Trouver le plus petit multiple de plusieurs nombres, c'est-à-dire le plus petit nombre divisible par plusieurs nombres donnés.*

Soient
$$A = 2^2 \times 3^4 \times 5^2 \times 7^3,$$
$$B = 2^5 \times 3^2 \times 7^2 \times 11^3,$$
$$C = 3^3 \times 5^3 \times 13^4;$$

et proposons-nous de trouver le plus petit multiple M de ces trois nombres.

Tout nombre divisible par A doit contenir *tous les facteurs premiers, égaux ou inégaux*, qui composent A [100]. De même pour la divisibilité par B ou par C. Donc un multiple quelconque des trois nombres donnés doit être composé des facteurs premiers 2, 3, 5, 7, 11, 13, affectés d'exposants *au moins égaux* à 5, 4, 3, 3, 3, 4 : il peut, en outre, contenir d'autres facteurs premiers. Et si nous prenons

$$M = 2^5 \times 3^4 \times 5^3 \times 7^3 \times 11^3 \times 13^4,$$

ce nombre M sera le plus petit multiple demandé. On voit donc que *le plus petit multiple de plusieurs nombres est égal au produit de leurs facteurs premiers, communs ou non communs, chacun d'eux étant pris avec son plus grand exposant.*

104. Remarques. — 1° *Si plusieurs nombres sont premiers entre eux, deux à deux, leur plus petit multiple est leur produit.*

2° *Le plus petit multiple de plusieurs nombres est le plus grand d'entre eux, lorsque celui-ci est divisible par tous les autres.*

1° Par exemple, le plus petit multiple des nombres 45, 28 et 143, qui, considérés deux à deux, n'ont aucun facteur commun, est égal au produit de *tous* les facteurs premiers contenus dans ces trois nombres : ce plus petit multiple est donc

$$M = 45 \times 28 \times 143.$$

2° Le plus petit multiple des nombres

$$2, 3, 4, 6, 8, 12, 24,$$

est 24.

105. Théorème I. — *Le produit de deux nombres est égal au produit de leur plus grand commun diviseur Δ par leur plus petit multiple M.*

D'après deux théorèmes démontrés ci-dessus (101, 103), Δ est égal au produit des facteurs premiers communs à A et B, chacun d'eux étant pris avec son plus petit exposant, et M est le produit des facteurs premiers de A et de B, communs ou non communs, chacun d'eux étant pris avec son plus grand exposant; de façon que tous les facteurs premiers, simples ou multiples, qui composaient A et B, se retrouvent, soit dans Δ, soit dans M : cette conclusion est précisément le théorème qu'il s'agissait de démontrer.

106. Remarque. — Ce théorème permet de trouver le plus petit multiple de deux nombres* sans les décomposer en facteurs premiers.

Soient, par exemple,

$$A = 9\,066, \qquad B = 6\,048.$$

On trouve aisément

$$\Delta = 6;$$

donc

$$M = \frac{9\,066 \times 6\,048}{6} = 1\,511 \times 6\,048,$$

ou

$$M = 9\,138\,528.$$

107. Théorème II. — *Si un nombre N est premier avec plusieurs nombres A, B, C,... il est premier avec leur produit.*

Si N et le produit ABC... avaient un facteur premier commun P, ce nombre premier P diviserait l'un des facteurs du produit [98], par exemple A; donc, contrairement à l'hypothèse, N et A ne seraient pas premiers entre eux.

108. Théorème III. — *Si un nombre N est divisible par plusieurs nombres A, B, C,... premiers entre eux, deux à deux, il est divisible par leur produit.*

Soit $\qquad N = A \times Q.$

N étant divisible par B, le second membre est divisible

---

* Et même de plusieurs nombres.

par B; mais, par hypothèse, B est premier avec A; donc (97) B divise Q; ainsi

$$Q = B \times Q'.$$

Il résulte, de ces deux égalités :

$$N = AB \times Q';$$

donc N *est divisible par le produit* AB. D'après le théorème précédent, AB est premier avec C; donc N est divisible par le produit ABC. Et ainsi de suite.

Résumé.

On dit qu'un nombre entier est *divisible* par un autre nombre entier, quand le premier nombre est un *multiple* du second.

Tout nombre qui divise les deux parties d'une somme divise cette somme.

Tout nombre qui divise une somme et l'une de ses deux parties divise l'autre partie.

Tout nombre qui divise l'une des deux parties d'une somme, et qui ne divise pas l'autre partie, ne divise pas la somme.

Tout diviseur d'un nombre divise les multiples de ce nombre.

Tout facteur commun au dividende et au diviseur divise le reste, et tout facteur commun au diviseur et au reste divise le dividende.

Si deux nombres, divisés par un troisième, donnent des restes égaux, leur différence est divisible par ce troisième nombre.

Si deux nombres, divisés par un troisième, ont donné des restes, la différence entre le produit des deux dividendes et le produit des restes est divisible par le diviseur commun.

Pour qu'un nombre soit divisible par 2, il faut et il suffit que le chiffre de ses unités soit pair.

Pour qu'un nombre soit divisible par 5, il faut et il suffit que le chiffre de ses unités soit 0 ou 5.

Pour qu'un nombre soit divisible par 4 ou par 25, il faut et il suffit que le nombre formé par ses deux premiers chiffres à droite soit divisible par 4 ou par 25.

Le reste de la division d'un nombre par 2 ou par 5 est égal au reste obtenu en divisant par 2 ou par 5 le chiffre de ses unités.

Le reste de la division d'un nombre par 4 ou par 25 est égal au reste obtenu en divisant par 4 ou par 25 le nombre formé par ses deux premiers chiffres de droite.

Un nombre quelconque est égal à un multiple de 9, augmenté de la somme de ses chiffres.

Le reste de la division d'un nombre par 9 est égal au reste obtenu en divisant par 9 la somme de ses chiffres.

Pour qu'un nombre soit divisible par 9, il faut et il suffit que la somme de ses chiffres soit divisible par 9.

ARITHMÉTIQUE.

Un nombre quelconque est égal à un multiple de 11, augmenté de la somme de ses chiffres de rang impair, et diminué de la somme de ses chiffres de rang pair.

Le reste de la division d'un nombre par 11 est égal au reste obtenu en divisant, par 11, l'excès de la somme de ses chiffres de rang impair sur la somme de ses chiffres de rang pair.

Pour qu'un nombre soit divisible par 11, il faut et il suffit que l'excès de la somme de ses chiffres de rang impair sur la somme de ses chiffres de rang pair soit divisible par 11.

Un *nombre premier* est celui qui n'est divisible que par lui-même et par l'unité.

Deux ou plusieurs nombres sont dits *premiers entre eux* lorsqu'ils n'ont d'autre commun diviseur que l'unité.

Deux nombres premiers sont toujours premiers entre eux. De plus, tout nombre premier qui ne divise pas un autre nombre est premier avec celui-ci.

Tout nombre entier, autre que l'unité, est divisible par un nombre premier supérieur à l'unité.

La suite des nombres premiers est illimitée.

Quand deux nombres ne sont pas divisibles l'un par l'autre, leur plus grand commun diviseur est égal au plus grand commun diviseur du plus petit d'entre eux et du reste de la division du plus grand par le plus petit.

Tout nombre qui en divise deux autres divise leur plus grand commun diviseur.

Quand on multiplie ou quand on divise deux nombres par un facteur, leur plus grand commun diviseur est multiplié ou divisé par ce facteur.

Deux nombres, divisés par leur plus grand commun diviseur, donnent des quotients premiers entre eux.

Tout nombre qui divise un produit de deux facteurs, et qui est premier avec l'un d'eux, divise l'autre.

Tout nombre premier qui divise un produit, divise au moins un des facteurs de ce produit.

Les puissances de deux nombres premiers entre eux sont premières entre elles.

Un nombre n'est décomposable qu'en un seul système de facteurs premiers.

Le plus grand commun diviseur de plusieurs nombres est égal au produit de leurs facteurs premiers communs, chacun d'eux étant pris avec son plus petit exposant.

On ne change pas le plus grand commun diviseur de deux nombres, si l'on supprime dans l'un d'eux un facteur premier par rapport à l'autre.

Le plus petit multiple de plusieurs nombres est égal au produit de leurs facteurs premiers, communs ou non communs, chacun d'eux étant pris avec son plus grand exposant.

Si plusieurs nombres sont premiers entre eux, deux à deux, leur plus petit multiple est leur produit.

Le plus petit multiple de plusieurs nombres est le plus grand d'entre eux, lorsque celui-ci est divisible par tous les autres.

Le produit de deux nombres est égal au produit de leur plus grand commun diviseur par leur plus petit multiple.

Si un nombre est premier avec plusieurs nombres, il est premier avec leur produit.

Si un nombre est divisible par plusieurs nombres, premiers entre eux deux à deux, il est divisible par leur produit.

CHAPITRE IV.

Des fractions ordinaires (109-141). — Réduction d'une fraction à sa plus simple expression (122).— Réduction de plusieurs fractions au même dénominateur (123-125). — Les quatre opérations sur les fractions ordinaires (125-141).

Des fractions.

109. Quand une grandeur est moindre que l'unité à laquelle on la compare, ou, plus généralement, quand elle n'est pas un multiple de l'unité*, sa mesure ne peut être exprimée par un nombre entier. Mais si l'on choisit une unité auxiliaire qui soit un *sous-multiple* ou une *partie aliquote* de l'unité principale, et qui soit en même temps un sous-multiple de la grandeur proposée, on peut évidemment avoir la mesure cherchée. Cette mesure est donnée par l'ensemble de deux nombres dont *l'un, appelé dénominateur, indique en combien de parties égales l'unité a été divisée, et dont l'autre, appelé numérateur, exprime combien la grandeur donnée renferme de ces parties.*

Par exemple, si, après avoir divisé un mètre en 10 parties égales, on trouve qu'une certaine longueur renferme 28 de ces parties, on dira qu'elle est égale aux *vingt-huit dixièmes* du mètre : son *rapport* avec l'unité est représenté par l'expression $\frac{28}{10}$, dans laquelle 10 est le *dénominateur* et 28 le *numérateur*.

110. Toute expression, telle que $\frac{28}{10}$, qui contient un numé-

---

* On entend ici par *multiple* de l'unité la grandeur obtenue en prenant 2, 3, 4,... fois l'unité. Inversement, l'unité est un *sous-multiple* ou une *partie aliquote* de cette grandeur.

ARITHMETIQUE.

rateur et un dénominateur, est appelée *fraction* * : cependant on donne plus particulièrement ce nom aux quantités de cette forme dans lesquelles le numérateur est inférieur au dénominateur, parce qu'elles représentent des grandeurs moindres que l'unité. L'ensemble d'un nombre entier et d'*une fraction proprement dite* prend le nom de *nombre fractionnaire* : $3 + \frac{4}{7}$ ou, plus simplement, $3\frac{4}{7}$ est un nombre fractionnaire.

Le numérateur et le dénominateur sont les *termes* de la fraction.

111. D'après ce qui vient d'être dit, pour énoncer une fraction, on énonce successivement le numérateur et le dénominateur, en faisant suivre celui-ci de la terminaison *ième*. Cependant, si le dénominateur de la fraction est 2, 3 ou 4, les parties de l'unité prennent les noms de *demis*, de *tiers* ou de *quarts*. Ainsi, les fractions $\frac{3}{2}, \frac{2}{3}, \frac{3}{4}$ s'énoncent *trois demis, deux tiers, trois quarts*.

Propriétés fondamentales des fractions.

112. *Toute fraction, multipliée par son dénominateur, reproduit son numérateur.*

Par exemple, $\frac{5}{7} \times 7 = 5$. En effet, d'après la définition, $\frac{1}{7} \times 7 = 1$; donc $\frac{2}{7} \times 7 = 2$; $\frac{3}{7} \times 7 = 3$, etc. C'est à cause de cette propriété fondamentale que l'on représente une fraction comme une division.

113. *Pour avoir le quotient exact de la division de deux nombres entiers, on ajoute au quotient entier une fraction qui a pour numérateur le reste et pour dénominateur le diviseur.*

En divisant 48 par 5, on trouve 9 pour quotient et 3 pour reste. Il résulte de là et de la proposition précédente, que $\left(9 + \frac{3}{5}\right) \cdot 5 = 48$: donc $9 + \frac{3}{5}$ est le quotient *exact* de 48 par 5 [52].

---

* Nous dirons tout à l'heure pourquoi l'*on représente une fraction comme une division*.

114. Remarque. — La fraction $\frac{48}{5}$, égale au quotient exact de 48 par 5, peut être remplacée par le *nombre fractionnaire* $9 + \frac{3}{5}$. Quand on fait une pareille transformation, on dit que l'on *extrait les entiers contenus dans la fraction*.

115. *Pour réduire un entier en fraction, on le multiplie et on le divise par le dénominateur.*

Par exemple, pour réduire le nombre 4 en *cinquièmes*, en *sixièmes*, en *septièmes*, etc., il suffit d'observer que, par la définition de la division,

$$4 = \frac{4 \times 5}{5} = \frac{4 \times 6}{6} = \frac{4 \times 7}{7} = \ldots$$

ou que

$$4 = \frac{20}{5} = \frac{24}{6} = \frac{28}{7} = \ldots$$

116. *Une fraction augmente ou diminue de valeur lorsque, le dénominateur ne variant pas, le numérateur augmente ou diminue. Le contraire a lieu quand c'est le dénominateur qui varie.*

Ces deux propriétés résultent immédiatement de la définition des fractions [109].

117. *Pour multiplier une fraction par un nombre entier, on multiplie le numérateur par ce nombre, ou l'on divise le dénominateur par ce même nombre. Le contraire pour la division.*

1° Prenons, par exemple, la fraction $\frac{3}{13}$, et multiplions le numérateur par 4, ce qui nous donnera $\frac{12}{13}$.

Je dis que $\quad \frac{12}{13} = \frac{3}{13} \times 4.$

En effet, les deux fractions $\frac{12}{13}$, $\frac{3}{13}$ représentent des grandeurs de même espèce, c'est-à-dire des *treizièmes* de l'unité. D'ailleurs, le numérateur 12 étant égal à 4 fois le numérateur 3, la première fraction renferme 4 fois autant de parties que la seconde. C'est ce qu'il fallait démontrer.

2° Il n'est pas plus difficile de prouver que

$$\frac{11}{12} \times 3 = \frac{11}{12:3} = \frac{11}{4}.$$

En effet, $\frac{1}{12}$ d'unité est *trois fois plus petit* que $\frac{1}{4}$ d'unité ; donc $\frac{11}{12}$ sont 3 fois plus petits que $\frac{11}{4}$; ou enfin

$$\frac{11}{12} \times 3 = \frac{11}{4}.$$

3° Réciproquement,

$$\frac{12}{13} : 4 = \frac{3}{13}, \qquad \frac{11}{4} : 3 = \frac{11}{12}.$$

118. Théorème. — *Une fraction ne change pas de valeur quand ses deux termes sont multipliés ou divisés par un même nombre.*

En multipliant les deux termes par un même facteur, on multiplie et on divise la fraction par ce facteur [117] : la fraction n'a donc pas changé de valeur. De même dans le cas de la division.

Des fractions irréductibles.

119. Définition. — *Une fraction irréductible est celle qui est réduite à sa plus simple expression.*

Par exemple, $\frac{8}{15}$ est irréductible, parce qu'il n'existe aucune fraction équivalente dont les termes soient inférieurs, respectivement, à 8 et à 15.

120. *Toute fraction irréductible a ses deux termes premiers entre eux.*

En effet, s'ils admettaient un facteur commun, on pourrait, en le supprimant, simplifier la fraction.

121. Théorème. — *1° Une fraction dont les deux termes sont premiers entre eux est irréductible ; 2° si une fraction est équivalente à une fraction irréductible, les deux termes de la première sont des équimultiples des deux termes de la seconde.*

Soit la fraction $\frac{7}{12}$, dont les deux termes sont premiers entre eux, et soit $\frac{a}{b}$ une fraction équivalente à la première. De l'égalité

$$\frac{7}{12} = \frac{a}{b},$$

on tire, en multipliant par b,

$$\frac{7b}{12} = a,$$

donc [97] b est un multiple de 12 : $b = 12\,m$; et, par suite, $a = 7m$.

Cette démonstration prouve : 1° qu'une fraction équivalente à $\frac{7}{12}$ est *au moins aussi compliquée que* $\frac{7}{12}$; 2° que les deux termes de cette nouvelle fraction sont des équimultiples de 7 et de 12.

122. Problème. — *Réduire une fraction à sa plus simple expression.*

Pour résoudre cette question, il suffit *de diviser, par leur plus grand commun diviseur, les deux termes de la fraction.*

En effet, la nouvelle fraction aura ses deux termes premiers entre eux [96] : elle sera donc irréductible [121].

Dans l'application de la règle, il n'est pas toujours nécessaire de calculer le plus grand commun diviseur. Si l'on aperçoit quelque facteur commun aux deux termes de la fraction donnée, on commence par le supprimer.

Soit, par exemple, la fraction $\frac{7\,234\,200}{9\,063\,450}$. On trouve, en supprimant les facteurs 10, 5, 9 :

$$\frac{7\,234\,200}{9\,063\,450} = \frac{723\,420}{906\,345} = \frac{144\,684}{181\,269} = \frac{16\,076}{20\,141}.$$

Si l'on cherche ensuite le plus grand commun diviseur entre 16 076 et 20 141, on obtient 4 : donc la fraction irréductible, équivalente à la fraction donnée, est $\frac{16\,076}{20\,141}$.

ARITHMÉTIQUE.

Réduction à un même dénominateur.

123. Soit proposé de chercher laquelle est la plus grande des trois fractions $\frac{2}{3}, \frac{13}{19}, \frac{11}{16}$.

Pour résoudre cette question, nous transformerons ces fractions en d'autres qui leur soient équivalentes, et qui aient même dénominateur : c'est là ce qu'on appelle *effectuer la réduction à un même dénominateur*. Comme une fraction ne change pas de valeur quand ses deux termes sont multipliés par un même nombre [118], et qu'un produit ne change pas si l'on intervertit l'ordre de ses facteurs, nous multiplierons *les deux termes de chaque fraction par le produit des dénominateurs des autres fractions*; nous trouverons ainsi :

$$\frac{2}{3} = \frac{2 \cdot 19 \cdot 16}{3 \cdot 19 \cdot 16} = \frac{608}{912},$$

$$\frac{13}{19} = \frac{13 \cdot 3 \cdot 16}{19 \cdot 3 \cdot 16} = \frac{624}{912},$$

$$\frac{11}{16} = \frac{11 \cdot 3 \cdot 19}{16 \cdot 3 \cdot 19} = \frac{627}{912}.$$

Au moyen de cette transformation, on voit clairement que les fractions $\frac{2}{3}, \frac{13}{19}, \frac{11}{16}$ sont rangées par ordre de grandeurs croissantes.

124. *Réduction au plus petit dénominateur commun.* — Quand les dénominateurs des fractions données ne sont pas premiers entre eux, deux à deux, on peut obtenir un dénominateur commun plus simple que celui qui résulte de la règle précédente.

Soient, pour fixer les idées, les fractions

$$\frac{15}{24}, \frac{18}{30}, \frac{40}{72}, \frac{18}{80}, \frac{25}{90},$$

et proposons-nous de les *transformer en d'autres qui leur soient équivalentes, et qui aient même dénominateur, de façon que ce dénominateur soit le plus petit possible*.

Commençons par réduire à sa plus simple expression chacune des fractions données; nous trouvons

$$\frac{5}{8}, \frac{3}{5}, \frac{5}{9}, \frac{9}{40}, \frac{5}{18}.$$

Le dénominateur de toute fraction équivalente à la fraction irréductible $\frac{5}{8}$ est un multiple de 8 [121]; il en est de même à l'égard des autres fractions. Donc un *dénominateur commun quelconque* est un multiple des dénominateurs 8, 5, 9, 40 et 18; et, conséquemment, *le plus petit dénominateur* cherché *est le plus petit multiple* de ces cinq nombres. On trouve [103] que 360 est ce plus petit multiple. Divisant 360 par 8, 5, 9, 40 et 18, et multipliant chaque numérateur par le quotient correspondant, on a, au lieu des fractions primitives :

$$\frac{225}{360}, \frac{216}{360}, \frac{200}{360}, \frac{81}{360}, \frac{100}{360}.$$

Opérations sur les fractions ordinaires.

125. On peut se proposer, sur les fractions, des opérations analogues à celles que l'on effectue sur les nombres entiers. Seulement, les définitions données pour ces dernières doivent subir quelques modifications.

Addition des fractions.

126. Nous généraliserons ainsi la définition donnée à l'occasion des nombres entiers [24].

L'addition est une opération qui a pour but de trouver un nombre renfermant toutes les unités ou PARTIES D'UNITÉ *contenues dans plusieurs nombres donnés.*

127. *Addition de fractions ayant même dénominateur.* — Soit à trouver la *somme* des fractions $\frac{5}{12}, \frac{11}{12}$ et $\frac{7}{12}$. D'après

ARITHMÉTIQUE. 49

la définition, cette somme doit renfermer tous les douzièmes d'unité contenues dans les fractions proposées : elle est donc

$$\frac{5+11+7}{12} = \frac{23}{12}.$$

Ainsi, *pour ajouter des fractions qui ont même dénominateur, on fait la somme des numérateurs, et on la divise par le dénominateur commun.*

128. *Addition de fractions ayant des dénominateurs différents.* — On ramène ce cas au précédent, en effectuant la réduction à un même dénominateur.

Par exemple,

$$\frac{5}{12} + \frac{7}{18} + \frac{11}{20} + \frac{13}{30} = \frac{75}{180} + \frac{70}{180} + \frac{99}{180} + \frac{78}{180}$$
$$= \frac{322}{180} = \frac{161}{90} = 1\frac{71}{90}.$$

129. *Addition de nombres fractionnaires.* — Pour ajouter des nombres composés d'entiers et de fractions proprement dites, on pourrait réduire les entiers en fractions et opérer comme dans les deux premiers cas; mais il est plus court de faire séparément la somme des entiers et celle des fractions. Par exemple,

$$2\frac{3}{5} + 7\frac{2}{3} + 5\frac{3}{4} = 2+7+5+\left(\frac{3}{5}+\frac{2}{3}+\frac{3}{4}\right)$$
$$= 14 + \frac{36+40+45}{60} = 14 + \frac{121}{60} = 16\frac{1}{60}.$$

Soustraction des fractions.

130. La définition de la soustraction, donnée ci-dessus [30], subsiste quels que soient les nombres donnés. On conclut de là, et de ce qui vient d'être dit à propos de l'addition, que, *pour retrancher l'une de l'autre deux fractions ayant même dénominateur, on retranche les numérateurs et l'on divise le reste par le dénominateur donné.*

Si les fractions ont des dénominateurs différents, on les réduit d'abord à un même dénominateur.

Enfin, pour retrancher deux nombres fractionnaires, on les réduit en fractions, ou bien on fait d'abord la soustraction des fractions proprement dites et ensuite celle des entiers.

Ainsi : 1° $\quad \dfrac{17}{12} - \dfrac{11}{12} = \dfrac{6}{12} = \dfrac{1}{2}$;

2° $\quad \dfrac{13}{30} - \dfrac{5}{12} = \dfrac{26}{60} - \dfrac{25}{60} = \dfrac{1}{60}$;

3° $1896\dfrac{3}{11} - 724\dfrac{2}{5} = 1896\dfrac{15}{55} - 724\dfrac{22}{55} = 1171\dfrac{48}{55}$ *.

Multiplication des fractions.

131. On a vu [117] que, pour multiplier une fraction par un nombre entier, il suffit de multiplier le numérateur par cet entier. Dans ce cas, il n'y a évidemment rien à changer à la définition de la multiplication, donnée plus haut [38]. Mais, si le multiplicateur est une fraction, cette définition n'a plus de sens : car le nombre qui indique *une collection de choses égales est nécessairement entier* [4]. On a adopté la définition suivante :

Multiplier une grandeur par une fraction, c'est en prendre une partie marquée par la fraction.

Par exemple, multiplier une pomme par $\dfrac{3}{4}$, c'est en prendre les $\dfrac{3}{4}$.

132. Remarque. — *Quand le multiplicateur est une fraction proprement dite, le produit est plus petit que le multiplicande.* — C'est ce qui résulte de la définition.

---

* Dans ce dernier calcul, 22 étant plus grand que 15, on ajoute une unité, ou $\dfrac{55}{55}$, à la fraction $\dfrac{15}{55}$, et, *par compensation*, on ajoute 1 à 724 [35].

133. *Multiplication d'un entier par une fraction.* — Soit à multiplier 4 par $\frac{5}{7}$. D'après la définition précédente, il faut, pour obtenir le produit cherché, prendre les $\frac{5}{7}$ de 4. Or, le $\frac{1}{7}$ de 4 unités est égal à $\frac{4}{7}$ d'unité [112]; donc les $\frac{5}{7}$ de 4 sont égaux à $\frac{4}{7} \times 5$, c'est-à-dire égaux à $\frac{4 \times 5}{7}$. Ainsi

$$4 \times \frac{5}{7} = \frac{4 \times 5}{7} = \frac{20}{7}.$$

De là, cette règle :

Pour multiplier un entier par une fraction, on le multiplie par le numérateur et l'on divise le produit par le dénominateur.

134. *Multiplication de deux fractions.* — Prenons pour exemple $\frac{4}{9} \times \frac{5}{7}$.

Le $\frac{1}{7}$ du multiplicande est égal à $\frac{4}{9 \times 7}$ [117]; donc le produit cherché égale $\frac{4}{9 \times 7} \times 5 = \frac{4 \times 5}{9 \times 7}$. Et, en général,

Pour multiplier une fraction par une fraction, on divise le produit des numérateurs par le produit des dénominateurs.

135. On peut, comme dans la multiplication des nombres entiers, considérer des produits composés de plusieurs facteurs. Par exemple, l'expression $\frac{2}{3} \times \frac{3}{5} \times \frac{6}{7}$ signifie qu'après avoir multiplié $\frac{2}{3}$ par $\frac{3}{5}$, on doit multiplier le produit par $\frac{6}{7}$. Elle a donc pour valeur

$$\frac{2 \cdot 3}{3 \cdot 5} \cdot \frac{6}{7} = \frac{2 \cdot 3 \cdot 6}{3 \cdot 5 \cdot 7} = \frac{2 \cdot 6}{5 \cdot 7} = \frac{12}{35}.$$

Cette même expression, étant les $\frac{6}{7}$ des $\frac{3}{5}$ de $\frac{2}{3}$, est appelée quelquefois une *fraction de fraction*.

136. *Le produit de plusieurs facteurs fractionnaires ne change pas quand on en intervertit l'ordre.*

En effet,
$$\frac{2 \cdot 3 \cdot 6}{3 \cdot 5 \cdot 7} = \frac{6 \cdot 2 \cdot 3}{7 \cdot 3 \cdot 5},$$

donc
$$\frac{2}{3} \cdot \frac{3}{5} \cdot \frac{6}{7} = \frac{6}{7} \cdot \frac{2}{3} \cdot \frac{3}{5}$$

137. On conclut de là et de la remarque ci-dessus [132] que, *si tous les facteurs sont des fractions proprement dites, le produit est plus petit que chacun d'eux.*

138. *Pour élever une fraction à une puissance, on élève les deux termes à cette puissance.*

Par exemple,
$$\left(\frac{2}{3}\right)^4 = \frac{2}{3} \cdot \frac{2}{3} \cdot \frac{2}{3} \cdot \frac{2}{3} = \frac{2^4}{3^4}.$$

139. Théorème. — *Une puissance quelconque d'une fraction irréductible est une fraction irréductible.*

Soit $\frac{a}{b}$ une fraction irréductible, c'est-à-dire *ayant ses deux termes premiers entre eux* [120]. Alors, a^m et b^m n'ont aucun facteur commun [99]. Donc $\left(\frac{a}{b}\right)^m$ est irréductible [121, 1°].

Division des fractions.

140. En général, et quels que soient les nombres considérés, *la division est une opération dans laquelle on a pour but de trouver l'un des deux facteurs d'un produit, connaissant ce produit et l'autre facteur* [52].

Proposons-nous, par exemple, de diviser $\frac{3}{8}$ par $\frac{5}{7}$.

D'après la définition que nous venons de rappeler, le quotient cherché, multiplié par $\frac{5}{7}$, doit reproduire $\frac{3}{8}$. Or, multiplier un nombre par $\frac{5}{7}$, c'est en prendre les $\frac{5}{7}$ [131]. Donc les $\frac{5}{7}$ du quotient égalent $\frac{3}{8}$.

Par suite,
$$\frac{1}{7} \text{ du quotient} = \frac{3}{8} : 5 = \frac{3}{8.5};$$

et
$$\text{le quotient} = \frac{3}{8.5} \cdot 7 = \frac{3.7}{8.5} = \frac{3}{8} \cdot \frac{7}{5}.$$

D'après ce résultat, on voit que, *pour diviser un nombre par une fraction, on le multiplie par la fraction renversée*.

141. Théorème. — *Quand on multiplie ou quand on divise par un même nombre un dividende et un diviseur, le quotient ne change pas.*

Cette proposition a déjà été démontrée pour le cas où l'on ne considérait que le quotient *entier* [65]. Il s'agit, à présent, de la généraliser.

1° Supposons que l'on multiplie, par un même nombre entier, le dividende et le diviseur. On aura, par exemple,

$$\frac{3}{8} : \frac{5}{7} = \left(\frac{3}{8} \cdot 13\right) : \left(\frac{5}{7} \cdot 13\right).$$

En effet, le second quotient

$$= \frac{3.13}{8} \cdot \frac{7}{5.13} = \frac{3.13.7}{8.5.13} = \frac{3.7}{8.5} = \frac{3}{8} : \frac{5}{7}.$$

2° La même démonstration subsiste dans le cas où l'on diviserait par un même nombre entier le dividende et le diviseur.

3° Supposons que le dividende $\frac{3}{8}$ et le diviseur $\frac{5}{7}$ soient multipliés par $\frac{11}{9}$: ce cas, évidemment, comprend celui de la division. De plus multiplier par $\frac{11}{9}$ revient à diviser par 9 et à multiplier par 11 : donc, par ce qui vient d'être démontré,

$$\left(\frac{3}{8} \cdot \frac{11}{9}\right) : \left(\frac{5}{7} \cdot \frac{11}{9}\right) = \left(\frac{3}{8} \cdot 11\right) : \left(\frac{5}{7} \cdot 11\right) = \frac{3}{8} : \frac{5}{7}.$$

Résumé.

Quand une *grandeur* n'est pas un *multiple* de l'unité, sa mesure est donnée par l'ensemble de deux nombres dont l'un, appelé *dénominateur*, indique en combien de parties égales l'unité a été divisée, et dont l'autre, appelé *numérateur*, exprime combien la grandeur donnée renferme de ces parties.

Toute expression qui contient un numérateur et un dénominateur est appelée *fraction*.

L'ensemble d'un *nombre entier* et d'*une fraction proprement dite* prend le nom de *nombre fractionnaire*.

Le numérateur et le dénominateur sont les *termes* de la fraction.

Toute fraction, multipliée par son dénominateur, reproduit son numérateur.

Pour avoir le quotient exact de la division de deux nombres entiers, on ajoute, au quotient entier, une fraction qui a pour numérateur le reste, et pour dénominateur le diviseur.

Pour réduire un entier en fraction, on le multiplie et on le divise par le dénominateur.

Une fraction augmente ou diminue de valeur lorsque, le dénominateur ne variant pas, le numérateur augmente ou diminue. Le contraire a lieu quand c'est le dénominateur qui varie.

Pour multiplier une fraction par un nombre entier, on multiplie le numérateur par ce nombre, ou l'on divise le dénominateur par ce même nombre. Le contraire pour la division.

Une fraction ne change pas de valeur quand ses deux termes sont multipliés ou divisés par un même nombre.

Une fraction irréductible est celle qui est réduite à sa plus simple expression.

Toute fraction irréductible a ses deux termes premiers entre eux.

Une fraction dont les deux termes sont premiers entre eux est irréductible.

Si une fraction est équivalente à une fraction irréductible, les deux termes de la première sont des équimultiples des deux termes de la seconde.

Pour réduire une fraction à sa plus simple expression, on divise ses deux termes par leur plus grand commun diviseur.

Pour effectuer la réduction de plusieurs fractions à un même dénominateur, on peut multiplier les deux termes de chaque fraction par le produit des dénominateurs des autres fractions.

Plusieurs fractions étant données, les transformer en d'autres qui leur soient équivalentes et qui aient même dénominateur, de façon que ce dénominateur soit le plus petit possible : on réduit chacune des fractions à sa plus simple expression, après quoi l'on cherche le plus petit multiple des nouveaux dénominateurs; ce plus petit multiple est le plus petit dénominateur commun cherché.

ARITHMÉTIQUE.

Pour ajouter des fractions qui ont même dénominateur, on fait la somme des numérateurs, et on la divise par le dénominateur commun.

Pour ajouter des fractions ayant des dénominateurs différents, on ramène ce cas au précédent, en effectuant la réduction à un même dénominateur.

Pour ajouter des nombres composés d'entiers et de fractions proprement dites, on peut faire, séparément, la somme des entiers et celle des fractions.

Pour retrancher l'une de l'autre deux fractions ayant même dénominateur, on retranche les numérateurs et l'on divise le reste par le dénominateur donné.

Si les fractions ont des dénominateurs différents, on les réduit d'abord à un même dénominateur.

Pour retrancher deux nombres fractionnaires, on les réduit en fractions, ou bien on fait d'abord la soustraction des fractions proprement dites, et ensuite celle des entiers.

Multiplier une grandeur par une fraction, c'est en prendre une partie marquée par la fraction.

Pour multiplier un entier par une fraction, on le multiplie par le numérateur et on divise le produit par le dénominateur.

Pour multiplier une fraction par une fraction, on divise le produit des numérateurs par le produit des dénominateurs.

Le produit de plusieurs facteurs fractionnaires ne change pas quand on en intervertit l'ordre.

Pour élever une fraction à une puissance, on élève les deux termes à cette puissance.

Une puissance quelconque d'une fraction irréductible est une fraction irréductible.

Pour diviser un nombre par une fraction, on le multiplie par la fraction renversée.

Quand on multiplie ou quand on divise, par un même nombre, un dividende et un diviseur, le quotient ne change pas.

CHAPITRE V.

Nombres décimaux (142-171). — Opérations (154-161). — Conversion d'une fraction ordinaire en fraction décimale (168). — Cas où le quotient est périodique (169-171).

Préliminaires.

142. *On appelle fraction décimale celle qui a pour dénominateur une puissance de* 10 : $\frac{7}{10}$, $\frac{53}{100}$, $\frac{4}{1000}$ sont des fractions décimales.

Puisqu'une fraction décimale exprime nécessairement des *dixièmes*, des *centièmes*, des *millièmes*,... de l'unité, on peut sous-entendre le dénominateur et se contenter d'écrire le numérateur. Il suffit, pour appliquer cette idée, d'étendre la convention sur laquelle est basée la numération écrite, convention en vertu de laquelle *tout chiffre, placé à la droite d'un autre, représente des unités dix fois plus petites que celles qui sont représentées par cet autre chiffre* [20]. On admet donc qu'un chiffre placé à la droite du chiffre des unités simples représente des dixièmes, qu'un chiffre placé à la droite du chiffre des dixièmes représente des centièmes, et ainsi de suite. Seulement, pour éviter toute confusion, on place une *virgule* entre le chiffre des unités et le chiffre des dixièmes. En outre, on remplace par des zéros les unités manquantes, absolument comme si le nombre proposé était entier.

D'après ces conventions, les fractions $\frac{7}{10}$, $\frac{53}{100}$, $\frac{4}{1000}$, considérées ci-dessus, seront représentées par 0,7, 0,53, 0,004 [*].

143. Les chiffres à droite de la virgule sont appelés *chiffres décimaux* ou, plus simplement, *décimales*.

---

[*] La première fraction et la troisième n'offrent aucune difficulté. Quant à la deuxième, on peut observer que

$$\frac{53}{100} = \frac{50}{100} + \frac{3}{100} = \frac{5}{10} + \frac{3}{100} :$$

donc cette fraction, *mise sous forme décimale*, devient 0,53.

144. Problème I. — *Écrire un nombre décimal énoncé.* — Nous venons de résoudre cette question dans quelques cas simples. Pour considérer un cas plus compliqué, proposons-nous d'*écrire, sous forme décimale,* la fraction

trente-deux mille cinq cent soixante-quatre cent-millionièmes

$$= \frac{32\,564}{100\,000\,000}.$$

Cette fraction équivaut à 32 564 unités du *huitième* ordre décimal ; donc le chiffre 4, qui termine le numérateur, doit occuper le *huitième rang après la virgule* : comme ce numérateur n'a que *cinq* chiffres, nous placerons *trois* zéros à sa gauche ; nous mettrons encore un zéro à la place des unités simples, et nous obtiendrons enfin

$$0{,}000\,325\,64 = \frac{32\,564}{100\,000\,000}.$$

En général, *pour écrire une fraction décimale énoncée,* on écrit d'abord le numérateur; puis on sépare sur la droite de celui-ci, par une virgule, autant de chiffres que l'indique l'exposant de la puissance de 10 égale au dénominateur.

145. Remarque. — *Le dénominateur d'une fraction décimale quelconque est égal à une puissance de* 10 *ayant pour exposant le nombre des chiffres placés après la virgule.*

146. Remarque. — Quelquefois, au lieu d'énoncer le numérateur et le dénominateur de la fraction donnée, on décompose celle-ci en *millièmes, millionièmes, billionièmes, etc.* Dans ce cas, il suffit d'appliquer la règle précédente à chacune des parties de cette fraction. Par exemple, le nombre *trois cent vingt-sept millièmes, cinq cent quatre millionièmes, treize billionièmes,* est représenté par 0,327 504 013.

147. Problème II. — *Énoncer un nombre décimal écrit.*

D'après ce qui vient d'être dit, on peut, pour résoudre cette question :

Énoncer le nombre donné, sans avoir égard à la virgule, et énoncer ensuite l'espèce des unités représentées par la dernière décimale de ce nombre.

L'espèce des unités représentées par un chiffre décimal résulte de la règle suivante, analogue à celle du n° 20 :

Dans tout nombre décimal, le rang d'un chiffre, à partir de la virgule, indique l'ordre des unités représentées par ce chiffre.

Par l'application de ces deux règles, on trouve que les nombres décimaux

$$0{,}004, \quad 325{,}68, \quad 0{,}327\,504\,013$$

doivent être lus ainsi :

4 *millièmes*, 32 568 *centièmes*, 327 504 013 *billionièmes*.

148. Remarque. — Le nombre 325,68 , plus grand que l'unité, peut être énoncé de ces deux manières :

32 568 *centièmes*, ou 325 *unités* 68 *centièmes*.

149. Remarque. — *Au lieu d'appliquer la première règle, on peut, quand le nombre décimal renferme beaucoup de chiffres, le décomposer, à partir de la virgule, en tranches de trois chiffres, et énoncer successivement les fractions représentées par ces diverses tranches.* Par exemple, la fraction 0,327 504 013 peut être ainsi énoncée :

327 *millièmes*, 504 *millionièmes*, 13 *billionièmes*.

Cette modification résulte de ce qui a été dit ci-dessus [146]. Au reste, après avoir décomposé le nombre décimal en tranches de trois chiffres, on se contente souvent d'énoncer chaque tranche comme si elle représentait un nombre entier, et l'on néglige les dénominateurs.

150. *Un nombre décimal ne change pas de valeur quand on écrit un ou plusieurs zéros à sa droite.*

En effet, la fraction décimale 0,3700 pourrait être lue ainsi : 37 *centièmes*, 0 *millième*, 0 *dix-millième* : donc elle équivaut à 0,37.

151. *Pour multiplier ou pour diviser un nombre décimal par* 10, *par* 100, *par* 1 000, ... *on avance la virgule, vers la droite ou vers la gauche, de* 1, 2, 3,...; *rangs.*

Par exemple, 2,784 53 × 100 = 278,453.

Pour le faire voir, observons qu'en avançant la virgule de deux rangs vers la droite, nous avons transformé les 2 *unités simples* en 2 *centaines*, les 7 *dixièmes* en 7 *dizaines, etc.* ;

c'est-à-dire que les parties du second nombre sont, respectivement, 100 fois aussi grandes que les parties du premier : le second nombre est donc égal à 100 fois le premier.

152. *Pour réduire à un même dénominateur deux fractions décimales, il suffit de les réduire à un même nombre de chiffres, en ajoutant des zéros à la droite de l'une d'elles.*

Soient les deux fractions 0,734 et 0,084 53 : si l'on ajoute deux zéros à la droite de la première, on n'en change pas la valeur [150]; mais alors les deux fractions ayant chacune cinq chiffres à droite de la virgule, le dénominateur de l'une et de l'autre est 10^5 [145].

153. Remarque. — *La grandeur d'une fraction décimale dépend principalement du rang et de la grandeur de son premier chiffre significatif.*

Par exemple, des deux fractions

$$0,027, \qquad 0,009\,84,$$

la première est la plus grande.

En effet,
$$0,027 = \frac{27}{1\,000} = \frac{2\,700}{100\,000},$$

et
$$0,009\,84 = \frac{984}{100\,000}.$$

Addition et soustraction des nombres décimaux.

154. Les raisonnements dont nous avons fait usage à propos des nombres entiers et des fractions ordinaires prouvent que, *pour ajouter ou pour retrancher des nombres décimaux, il suffit d'observer les règles de l'addition ou de la soustraction des nombres entiers : les zéros qu'on écrirait pour effectuer la réduction à un même dénominateur sont inutiles.*

Les additions et les soustractions ci-jointes peuvent servir à démontrer cette règle :

```
  7,045 2        0,374         2,728 648      2,004
+ 0,083        + 0,037 4      − 1,983        − 1,872 43
+ 0,000 719    + 0,003 74     ─────────      ─────────
+ 0,923 4      + 0,000 374      0,745 648      0,131 57
─────────      ─────────
  8.052 319      0,445 514
```

155. Il est essentiel de savoir effectuer, à la fois, des additions et des soustractions. Voici un exemple de ce genre d'opération :

$$\begin{array}{r} 0{,}235\,438 \\ +\ 0{,}745\,2 \\ +\ 0{,}914\,32 \\ -\ 0{,}489\,9 \\ -\ 0{,}672\,854 \\ \hline 0{,}732\,204 \end{array}$$

Multiplication des nombres décimaux.

156. Soit à multiplier 7,254 par 0,78.

En mettant ces deux nombres sous forme de fractions ordinaires, nous aurons

$$\frac{7\,254}{1\,000} \cdot \frac{78}{100} = \frac{7\,254 \cdot 78}{1\,000 \cdot 100}$$

Le produit de 7 254 par 78 est 565 812. Pour diviser ce produit par 1 000 . 100, on peut d'abord [66] le diviser par 100, ce qui donne 5 658,12, puis diviser ce dernier nombre par 1 000 : on a ainsi, pour le produit cherché, 5,658 12.

Donc, *pour obtenir le produit de deux nombres décimaux, on les multiplie sans avoir égard aux virgules, et l'on sépare, sur la droite du produit, autant de décimales qu'il y en a, en tout, dans les deux facteurs donnés.*

Le calcul se dispose de la manière suivante :

$$\begin{array}{r} 7{,}254 \\ 0{,}78 \\ \hline 58032 \\ 50778 \\ \hline \end{array}$$

Produit : 5,65812

Division des nombres décimaux.

157. La division des nombres décimaux présente trois cas, que nous examinerons successivement.

158. Premier cas. *Le dividende et le diviseur ont même nombre de décimales.*

Soit 37,254 à diviser par 0,987.

Si nous multiplions ces deux nombres par 1 000, le quotient ne sera pas altéré [141]. Effectuant, on trouve

$$\frac{37\,254}{987} = 37 + \frac{735}{987}.$$

La partie entière de ce nombre, c'est-à-dire 37, est donc, *à moins d'une unité,* le quotient de 37,254 par 0,987.

En résumé, *quand le dividende et le diviseur ont le même nombre de décimales, on fait la division sans avoir égard aux virgules.*

159. Deuxième cas. *Il y a plus de décimales dans le diviseur que dans le dividende.*

On ramène ce cas au précédent, en complétant, par des zéros, le nombre des décimales du dividende.

Ainsi, $\dfrac{37,2}{0,987} = \dfrac{37,200}{0,987} = \dfrac{37\,200}{987} = 37,\ldots$

160. Troisième cas. *Il y a plus de décimales dans le dividende que dans le diviseur.*

On pourrait encore ramener ce cas au premier; mais les zéros placés à la droite du diviseur ne feraient que compliquer le calcul. Il vaut mieux *faire la division sans avoir égard aux virgules, et séparer, sur la droite du quotient, autant de décimales qu'il y en avait de plus dans le dividende que dans le diviseur.* De cette manière, le résultat, au lieu d'être approché seulement à moins d'une unité, diffère, du quotient exact, de moins de 0,1, 0,01, 0,001,....., suivant que le dividende contient 1, 2, 3,... décimales de plus que le diviseur.

Tout cela est facile à démontrer. Soit, pour fixer les idées, 37,254 68 à diviser par 0,987.

Le quotient *exact* est

$$\dfrac{3\,725\,468}{100\,000} : \dfrac{987}{1\,000}$$

$$= \dfrac{3\,725\,468}{100} : 987 = \dfrac{3\,725\,468}{100 \cdot 987} = \dfrac{3\,725\,468}{987} : 100.$$

Si donc nous cherchons le quotient *entier* de 3 725 468 par 987, et si nous le divisons par 100, la différence entre le nombre 37,74, ainsi obtenu, et le quotient *exact*, sera inférieure à 0,01. Voici le calcul :

```
    37,254 68  | 0,987
     7 644     | ------
       735 6   | 37,74
        44 78  |
Reste   0,005 30
```

161. Le procédé qui vient d'être indiqué permet d'*obtenir, avec une approximation décimale donnée, le quotient de deux nombres quelconques, entiers ou accompagnés de décimales.*

Supposons que l'on veuille calculer, à moins de 0,000 1, le quotient de 17,37 par 0,897. Ajoutons, à la droite du dividende, assez de zéros pour que ce nombre ait 4 décimales de plus que le diviseur : nous obtiendrons 17,370 000 0. Ce nouveau dividende, divisé par 0,897, conformément à la règle ci-dessus, donne le nombre 19,3645, dont la différence, avec le quotient exact de 17,37 par 0,897, est moindre que 0,000 1.

Des erreurs relatives.

162. L'*erreur absolue*, dans une mesure ou dans un calcul, est parfois moins importante à considérer que l'*erreur relative*, c'est-à-dire *le rapport entre l'erreur absolue et la grandeur mesurée ou calculée.* Par exemple, une erreur absolue de 1 centimètre, sur une longueur de 100 mètres, est ordinairement négligeable ; mais elle serait réputée énorme si la longueur à mesurer était de 1 centimètre. Dans le premier cas, l'erreur relative est $\frac{1}{100\,000}$; dans l'autre, elle est égale à 1.

163. Le calcul des *approximations relatives* se ramène très aisément à celui des *approximations absolues.* Si, par exemple, on demande de calculer un certain nombre, *à moins de* $\frac{1}{100}$ *de sa valeur*, et que cette valeur soit comprise entre 0,001 et 0,0001 d'unité, il suffira d'effectuer le calcul de manière à ne pas négliger $\frac{1}{1\,000\,000}$ d'unité.

164. Dans le cas où les données d'une question, au lieu d'être connues exactement, ne sont qu'approchées, il peut être utile de *comparer l'erreur relative du résultat aux erreurs relatives des données*. Dans le cas de la multiplication ou de la division, cette comparaison repose sur les principes suivants :

165. Théorème I. — *Si les deux facteurs d'un produit ont été calculés* PAR DÉFAUT, *l'erreur relative du produit est comprise entre la somme et la différence des erreurs relatives des facteurs.*

Soient, en effet, A la valeur exacte du premier facteur, A' sa valeur approchée, et a l'erreur relative correspondante. Nous pourrons écrire
$$A' = A(1-a).$$

Le second facteur donne, semblablement,
$$B' = B(1-b).$$

Par suite, l'erreur *absolue* $AB - A'B' = AB(a+b-ab)$, et l'erreur *relative* $e = \dfrac{AB - A'B'}{AB} = a+b-ab.$

Or,
$$1° \quad a+b-ab < a+b;$$
et
$$2° \quad a+b-ab > a-b;$$

car cette seconde inégalité équivaut à : $b(2-a) > 0$.

166. Théorème II. — *Si le dividende a été calculé par défaut, et le diviseur calculé par excès, l'erreur relative du quotient est moindre que la somme des erreurs relatives du dividende et du diviseur.*

Représentons par q le quotient exact $\dfrac{A}{B}$, et par q' le quotient approché $\dfrac{A'}{B'} = \dfrac{A(1-a)}{B(1+b)}$, a et b étant les erreurs relatives du dividende et du diviseur. L'erreur relative du quotient est
$$e = \frac{q-q'}{q} = 1 - \frac{q'}{q} = 1 - \frac{1-a}{1+b} = \frac{a+b}{1+b}.$$

167. Application. — *Déterminer, à moins de $0,001$ de sa valeur, le quotient de*

$$A = 256\,873{,}275\,763$$
par
$$B = 65{,}092\,643\,78.$$

L'erreur e sera inférieure à 0,001, si l'on prend $a < \dfrac{1}{2\,000}$, $b < \dfrac{1}{2\,000}$.

Or,

$$\dfrac{A}{2\,000} > 100, \qquad \dfrac{B}{2\,000} > 0{,}03;$$

on peut donc prendre, pour valeurs approchées de A et de B,

$$A' = 256\,800, \qquad B' = 65{,}1.$$

Le quotient de ces deux nombres est $q' = 3\,944,\ldots$ Cette valeur, plus petite que le quotient exact q, surpasse certainement les 0,999 de ce quotient; donc elle satisfait à la question *.

Réduction des fractions ordinaires en fractions décimales.

168. *Réduire une fraction ordinaire en fraction décimale*, c'est chercher une fraction décimale qui soit équivalente à la fraction donnée, ou qui en diffère de moins de 0,1, 0,01, 0,001.... La solution de cette question a été donnée ci-dessus [161].

Si, par exemple, on veut réduire $\dfrac{8}{13}$ en décimales, on trouvera, par le calcul ci-joint, que les fractions 0,6, 0,61, 0,615,..., diffèrent, de moins en moins, de $\dfrac{8}{13}$.

```
     80  | 13
     20  |————————
     70  | 0,615 384 6....
     50
    100
     60
     80
```

* Le quotient exact est

$$q = 3\,946,2\ldots$$

Ainsi, q' est approché à moins de 3 unités.

ARITHMÉTIQUE.

169. Théorème. — *Pour qu'une fraction ordinaire (réduite à sa plus simple expression) soit exactement réductible en décimales, il faut et il suffit que son dénominateur ne contienne aucun facteur premier différent de 2 ou de 5.*

1° Soit la fraction $\dfrac{17}{8\,000} = \dfrac{17}{2^6 \cdot 5^3}$. Comme $10 = 2 \cdot 5$, si nous multiplions les deux termes par 5^3, le dénominateur deviendra égal à 10^6. Donc $\dfrac{17}{8\,000} = \dfrac{17 \cdot 5^3}{10^6}$. Ainsi, la fraction proposée est *réductible* en décimales.

De plus, à cause du dénominateur 10^6, on voit que : *le nombre des chiffres après la virgule, dans la fraction décimale équivalente à la fraction donnée, est égal au plus grand des exposants des facteurs premiers du dénominateur donné.* Le calcul donne, effectivement,

$$\frac{17}{8\,000} = 0{,}002\,125.$$

2° Supposons que la fraction irréductible $\dfrac{17}{2\,400}$, dont le dénominateur est divisible par 3, soit équivalente à une fraction décimale, à $0{,}007\,23$ par exemple.

Nous aurions

$$\frac{17}{2\,400} = \frac{723}{100\,000};$$

donc $100\,000 = 10^6 = 2^6 \cdot 5^6$ serait un multiple de $2\,400$ [120], et conséquemment un multiple de 3 ; ce qui est impossible [100].

170. Fractions décimales périodiques. — Si l'on essaye de réduire en décimales une fraction dont le dénominateur admette un facteur premier différent de 2 et de 5, aucune des divisions partielles ne se fera exactement. D'ailleurs, chacun des restes est inférieur au dénominateur. Donc, d'après un nombre d'opérations tout au plus égal à ce dénominateur diminué d'une unité, *on retombera sur un reste déjà obtenu*. Ce reste, suivi d'un zéro, donnera un dividende et un quotient partiels déjà obtenus ; et ainsi de suite. On voit donc que les restes se *reproduiront périodiquement*, et qu'il en sera de même pour les chiffres du quotient. En d'autres termes, *toute fraction non exactement réductible en décimales donne lieu à une fraction décimale périodique.*

4.

La fraction $\frac{8}{13}$, considérée ci-dessus, nous a donné la fraction périodique 0,615 384 615 384..... De même, si l'on réduit en décimales $\frac{17}{2\,400}$, on trouve 0,007 083 33.....

La première fraction décimale, *dans laquelle la période commence immédiatement après la virgule*, est dite *périodique simple*; l'autre est une *fraction périodique mixte*.

171. Problème. — *Trouver la fraction ordinaire, génératrice d'une fraction périodique donnée.*

On donne le nom de fraction *génératrice* à la fraction ordinaire qui, réduite en décimales, reproduirait une fraction périodique donnée. Dans les deux exemples précédents, $\frac{8}{13}$ et $\frac{17}{2\,400}$ sont les génératrices de

0,615 384 615 384..... et de 0,007 083 33.....

Cela posé, proposons-nous, en premier lieu, de trouver la génératrice de la fraction *périodique simple* 0,254 254 254.....
Pour résoudre cette question, nous remarquerons d'abord que les fractions

$$\frac{1}{9}, \quad \frac{1}{99}, \quad \frac{1}{999}, \ldots$$

conduisent aux fractions périodiques

0,111..., 0,010 101..., 0,001 001 001..., etc.

Par suite, une fraction double, triple..., de $\frac{1}{999}$, donnerait une période double, triple,... de 0,001 001...; et enfin $\frac{254}{999}$, réduite en décimales, conduirait à la fraction périodique proposée.

Ainsi, *la fraction génératrice d'une fraction périodique simple a pour numérateur la période, et pour dénominateur un nombre formé d'autant de 9 qu'il y a de chiffres dans la période.*

Soit, actuellement, la fraction *périodique mixte* 0,27254254....
On peut la mettre sous la forme

$$0{,}27 + 0{,}00\,254\,254\ldots = \frac{27}{100} + \frac{0{,}254\,254\ldots}{100}.$$

La fraction périodique simple 0,254 254.... équivaut * à $\frac{254}{999}$.... Donc la proposée

$$= \frac{27}{100} + \frac{254}{99\,900} = \frac{27.999 + 254}{99\,900} = \frac{27\,000 - 27 + 254}{99\,900}$$

$$= \frac{27\,254 - 27}{99\,900}.$$

Ce résultat peut être énoncé en ces termes : *La génératrice d'une fraction périodique mixte a pour numérateur l'ensemble de la partie non périodique et de la période, moins la partie non périodique, et pour dénominateur un nombre formé d'autant de 9 qu'il y a de chiffres dans la période, suivis d'autant de zéros qu'il y a de chiffres dans la partie non périodique* **.

Résumé.

Une fraction décimale est celle qui a pour dénominateur une puissance de 10.

Pour écrire une fraction décimale énoncée, on écrit d'abord son numérateur, puis on sépare sur la droite de celui-ci, par une virgule, autant de chiffres que l'indique l'exposant de la puissance de 10 égale au dénominateur.

On énonce un nombre décimal donné, sans avoir égard à la virgule, et l'on énonce ensuite l'espèce des unités représentées par la dernière décimale de ce nombre.

Un nombre décimal ne change pas de valeur quand on écrit un ou plusieurs zéros à sa droite.

Pour multiplier ou pour diviser un nombre décimal par 10, par 100, par 1000...., on avance la virgule, vers la droite ou vers la gauche, de 1, 2, 3,... rangs.

Pour réduire à un même dénominateur deux fractions décimales, il suffit de les réduire à un même nombre de chiffres, en ajoutant des zéros à la droite de l'une d'elles.

La grandeur d'une fraction décimale dépend principalement du rang et de la grandeur de son premier chiffre significatif.

Pour ajouter ou pour retrancher des nombres décimaux, il suffit d'observer les règles de l'addition ou de la soustraction des nombres entiers.

---

* Nous admettons cette équivalence, afin d'abréger.
** Le lecteur qui voudrait sortir des limites du Programme pourra consulter une *Note sur les Fractions décimales périodiques*, insérée au tome 1er des *Nouvelles Annales de mathématiques*.

ARITHMÉTIQUE.

Pour obtenir le produit de deux nombres décimaux, on les multiplie sans avoir égard aux virgules, et l'on sépare, sur la droite du produit, autant de décimales qu'il y en avait, en tout, dans les deux facteurs donnés.

Si le dividende et le diviseur ont même nombre de décimales, on fait la division sans avoir égard aux virgules.

S'il y a plus de décimales dans le diviseur que dans le dividende, on ramène ce cas au précédent, en complétant par des zéros le nombre des décimales du dividende.

S'il y a plus de décimales dans le dividende que dans le diviseur, on fait la division sans avoir égard aux virgules, et l'on sépare, sur la droite du quotient, autant de décimales qu'il y en avait de plus dans le dividende que dans le diviseur.

L'erreur absolue, dans une mesure ou dans un calcul, peut parfois être moins importante à considérer que *l'erreur relative*, c'est-à-dire le rapport entre l'erreur absolue et la grandeur mesurée ou calculée.

Le calcul des *approximations relatives* se ramène très-aisément à celui des *approximations absolues*.

Si les deux facteurs d'un produit ont été calculés *par défaut*, l'erreur relative du produit est comprise entre la somme et la différence des erreurs relatives des facteurs.

Si le dividende a été calculé *par défaut*, et le diviseur calculé *par excès*; l'erreur relative du quotient est moindre que la somme des erreurs relatives du dividende et du diviseur.

Réduire une fraction ordinaire en fraction décimale, c'est chercher une fraction décimale qui soit équivalente à la fraction donnée, ou qui en diffère de moins de 0,1, 0,01, 0,001,...

Pour résoudre cette question, on divise le numérateur par le dénominateur, en appliquant les règles de la division des nombres décimaux.

Pour qu'une fraction ordinaire (ramenée à sa plus simple expression) soit exactement réductible en décimales, il faut et il suffit que son dénominateur ne contienne aucun facteur premier différent de 2 ou de 5.

Toute fraction, non exactement réductible en décimales, donne lieu à une fraction décimale périodique.

La fraction génératrice d'une fration périodique simple donnée a pour numérateur la période, et pour dénominateur un nombre formé d'autant de 9 qu'il y a de chiffres dans la période.

La génératrice d'une fraction périodique mixte a pour numérateur l'ensemble de la partie non périodique et de la période, moins la partie non périodique, et pour dénominateur un nombre formé d'autant de 9 qu'il y a de chiffres dans la période, suivis d'autant de zéros qu'il y a de chiffres dans la partie non périodique.

CHAPITRE VI.

Système métrique (172-182). — Rapports des anciennes mesures aux mesures légales (183-184). — Exercices (185).

Système métrique.

172. Les relations entre les habitants d'une même contrée exigent impérieusement qu'on y fasse partout usage des mêmes mesures de longueur, de capacité, de poids, etc., aussi bien que des mêmes monnaies. Au lieu de cette uniformité, on ne voyait en France, avant 1789, que la plus déplorable confusion : les noms et les grandeurs des diverses unités variaient, non-seulement de province à province, mais même de commune à commune. L'Assemblée constituante, par un décret du 8 mai 1790, nomma une commission, qu'elle chargea de préparer les bases d'un *système de poids et mesures*.

Méchain et Delambre, membres de cette commission, mesurèrent l'arc du méridien de Paris, qui s'étend de Dunkerque à Barcelone; mais, à la suite des événements politiques, leurs travaux furent interrompus. Plus tard, la Convention établit un *mètre* provisoire, très-peu différent de celui qui est en usage aujourd'hui. Enfin, le 22 juin 1799, la commission générale des Poids et Mesures présentait au Corps législatif le résumé de ses travaux, ainsi que les prototypes du *mètre* et du *kilogramme*, lesquels furent déposés dans les archives de la république. Cependant le système métrique ne devint obligatoire qu'à dater du 2 novembre 1802.

Ce système, admirable de simplicité, contrariait d'anciens usages. Au lieu de laisser au temps le soin de les faire oublier, on eut la déplorable idée de créer un système *mixte*, et un décret impérial, du 12 février 1812, établit un *pied métrique*, un *boisseau métrique*, une *livre métrique*, etc. Cet état de choses dura jusqu'en 1837. Ce fut alors que la loi du 4 juillet, votée sur le rapport de M. Mathieu, interdit absolument les anciennes mesures et les *anciennes dénominations*.

173. *Unité fondamentale.* — L'unité fondamentale est le MÈTRE : c'est la dix-millionième partie de la distance du pôle

à *l'équateur, mesurée sur le méridien de Paris**. *Le mètre est l'unité de longueur*, et il a servi à former les unités de capacité, de poids, etc.

174. *Unités de surface.* — Pour les surfaces d'une médiocre étendue, l'unité employée est le *mètre carré*, c'est-à-dire un carré dont le côté égale 1^m.

L'unité des *mesures agraires* est l'*are* : *c'est un carré dont le côté égale* 10^m. Un are vaut 100 mètres carrés **.

175. *Unité de capacité ou de volume*. — L'unité de mesure pour les liquides est le *litre* : *c'est un cube dont l'arête égale* 0^m,1.

Quand il s'agit d'évaluer des matériaux, des terres, etc., on prend pour unité le *mètre cube*. Le mètre cube porte le nom de *stère*, lorsqu'il est employé à mesurer le bois de chauffage.

176. *Unité de poids.* — Cette unité se nomme *gramme* : *c'est le poids d'un centimètre cube d'eau distillée, pesée dans le vide, à la température qui correspond au maximum de densité.*

Cette définition exige quelques explications :

1° Comme nous le verrons tout à l'heure, le centimètre cube a pour arête 0^m,01 ;

2° On a pris pour unité le poids d'un certain volume d'*eau distillée*, parce que l'eau est très-répandue dans la nature, et surtout parce que l'*eau distillée a la même composition partout* ;

3° On a dû ramener le poids observé à ce qu'il serait dans le vide, à cause de la perte de poids due à la pression atmosphérique ;

4° Un même poids d'eau n'occupe pas le même volume à toutes les températures. A 4° environ, ce volume est le plus petit possible ***.

---

* D'après la mesure faite par Méchain et Delambre, la distance du pôle à l'équateur, mesurée sur le méridien de Paris et ramenée au niveau des mers, serait de 5 130 740 *toises du Pérou*. Plus tard, on a corrigé cette mesure, et l'on a trouvé que la distance dont il s'agit est, *très-probablement*, de 5 131 180 toises. Cette correction n'a rien changé au *mètre-étalon*, qui reste fixé à 0^t,513 0740.

La toise du Pérou porte ce nom parce qu'elle avait servi dans la mesure d'un degré du méridien faite au Pérou par Godin, La Condamine et Bouguer, en 1734. (Voyez la *Cosmographie*.)

** Voyez la *Géométrie*.
*** Voyez la *Physique*.

177. Unité de monnaie. — L'unité de monnaie est le *franc* : c'est une pièce qui pèse 5 grammes et qui doit contenir 0,900 d'argent et 0,100 de cuivre. Comme il est difficile que le *titre* de l'alliage monétaire soit rigoureusement 0,900, on accorde une tolérance de 0,002, en plus ou en moins.

178. Multiples et sous-multiples des diverses unités. — Ces multiples et ces sous-multiples sont formés d'après la loi de la numération décimale, c'est-à-dire qu'ils sont égaux à l'unité, multipliée ou divisée par 10, 100, 1 000, 10 000.

Les noms des multiples sont formés, en général, du nom de l'unité, que l'on fait précéder des mots grecs : *déca, hecto, kilo, myria*.

Pour désigner les sous-multiples, on emploie encore le nom de l'unité, précédé de l'un des mots latins : *déci, centi, milli, dix-milli*. Par exemple :

1 décamètre = 10 mètres,
1 hectomètre = 100 mètres = 10 décamètres,
1 kilomètre = 1 000 mètres = 10 hectomètres,
1 myriamètre = 10 000 mètres = 10 kilomètres,
1 décimètre = $0^m,1$
1 centimètre = $0^m,01$ = $\frac{1}{10}$ de décimètre,
1 millimètre = $0^m,001$ = $\frac{1}{10}$ de centimètre,
1 dix-millimètre = $0^m,0001$ = $\frac{1}{10}$ de millimètre.

179. Multiples et sous-multiples en usage. — La règle qui sert à nommer les multiples et les sous-multiples est sujette à diverses exceptions, que nous allons indiquer.

1° Au lieu de *dix-millimètre*, expression qui donnerait lieu à une équivoque, on dit : $\frac{1}{10}$ *de millimètre*; et pour représenter cette petite longueur, on écrit $0^{mm},1$.

2° On fait usage de l'*hectare* et du *centiare*. Les autres multiples ou sous-multiples de l'are ne sont pas employés.

3° Les expressions *décamètre cube, hectomètre cube*, etc., ne sont guère usitées. On aime mieux dire : 1 000 mètres cubes, 1 000 000 de mètres cubes*, etc.

---

* Il n'est pas inutile de faire observer que le *décamètre cube* vaut 1000 mètres cubes, et non pas 10 mètres cubes. De même, 1 déci

4° Le *décalitre*, l'*hectolitre*, le *décilitre*, le *centilitre*, sont fort employés. Il n'en est pas de même pour les autres multiples ou sous-multiples du litre.

5° Les noms des monnaies, formés conformément à la règle ci-dessus, ont été absolument rejetés : les dénominations *décime* et *centime* remplacent celles de *décifranc* et de *centifranc*.

180. Mesures itinéraires. — Quand il s'agit de grandes longueurs, le mètre devenant une trop petite unité, on compte en *kilomètres* ou même en *myriamètres*. Ainsi, l'on dit : la distance de Paris à Bordeaux est de 558 kilomètres ; la distance du pôle à l'équateur égale 1 000 myriamètres.

181. Monnaie. — La règle qui sert à former les multiples ou les sous-multiples des unités principales [178] a été appliquée aux monnaies ; ainsi, les multiples et les sous-multiples principaux du franc sont : la pièce de *dix francs*, la pièce de *cent francs*, la pièce de *un décime* et la pièce de *un centime* [179, 5°]. D'un autre côté, le nombre 10, base de notre système de numération, admettant les diviseurs 2 et 5, on a complété la série des monnaies en prenant le $\frac{1}{2}$ et le $\frac{1}{5}$ de 10^f, de 100^f, de 1^f et de $0^f,1$; ce qui a donné 50^f, 20^f, 5^f, 2^f, 50^c, 20^c, 5^c et 2^c. Le tableau de la page 74, extrait de l'*Annuaire du Bureau des longitudes*, donne la *composition*, le *poids* et le *module* de ces diverses monnaies, dont le *titre* est compris entre 0,898 et 0,902 [177].

182. Remarque. — Il est bon de se rappeler les valeurs suivantes :

1° 1 centiare = 1 mètre carré ;

2° 1 litre d'eau distillée pèse 1 kilogramme ;

3° 200 francs, en argent, pèsent 1 kilogramme ;

4° 27 pièces de 5 francs, placées bout à bout, forment la longueur du mètre ;

5° 155 pièces de 20 francs pèsent 1 kilogramme et valent 3 100 francs *.

---

mètre carré = $0^m,01$ n'est pas la même chose qu'*un dixième de mètre carré*. Enfin, c'est à tort que les architectes, les avoués, les notaires, et presque toutes les personnes qui s'occupent de la vente des terrains, appellent *centimètre* le *décimètre carré*.

* La loi du 17 prairial an XI a fixé à $15\frac{1}{2}$ le rapport entre la valeur de l'or et celle de l'argent.

ARITHMÉTIQUE.

Tableau des mesures légales.

Noms systématiques.	Valeur.
Mesures de longueur.	
Myriamètre,	Dix mille mètres.
Kilomètre,	Mille mètres.
Hectomètre,	Cent mètres.
Décamètre,	Dix mètres.
MÈTRE,	Unité fondamentale des poids et mesures.
Décimètre,	Dixième du mètre.
Centimètre,	Centième du mètre.
Millimètre,	Millième du mètre.
Mesures agraires.	
Hectare,	Cent ares ou dix mille mètres carrés.
ARE,	Cent mètres carrés, carré de dix mètres de côté.
Centiare,	Centième de l'are, ou mètre carré.
Mesures de capacité pour les liquides et les matières sèches.	
Kilolitre,	Mille litres.
Hectolitre,	Cent litres.
Décalitre,	Dix litres.
LITRE,	Décimètre cube.
Décilitre,	Dixième du litre.
Mesures de volume.	
Décastère,	Dix stères.
STÈRE,	Mètre cube.
Décistère,	Dixième du stère.
Poids.	
MILLIER,	Mille kilogrammes, poids du mètre cube d'eau et du *tonneau* de mer.
QUINTAL,	Cent kilogrammes, quintal métrique.
KILOGRAMME,	Mille grammes.
Hectogramme,	Cent grammes.
Décagramme,	Dix grammes.
GRAMME.	
Décigramme,	Dixième du gramme.
Centigramme,	Centième du gramme.
Milligramme,	Millième du gramme.
Monnaies.	
FRANC,	Cinq grammes d'argent, au titre de neuf dixièmes de fin.
Décime,	Dixième du franc.
Centime,	Centième du franc.

1. *Arithmétique.*

Tableau du poids et du diamètre des pièces de monnaie.

Dénomination des pièces.	Poids exact ou droit.	Tolérance en millièmes du poids.	Poids avec la tolérance. En plus.	Poids avec la tolérance. En moins.	Diamètre ou module en millimètres
Or.					
fr c	gr	mill	gr	gr	mm
100 00	32,258	1	32,290 258	32,225 742	35
50 00	16,129		16,161 258	16,096 742	28
20 00	6,451 61	2	6,464 51	6,438 71	21
10 00	3,225 80		3,232 25	3,219 35	19
5 00	1,612 90	3	1,617 74	1,608 06	17
Argent.					
5 00	25.	3	25,075	24,925	37
2 00	10.		10,05	9,95	27
1 00	5.	5	5,025	4,975	23
0 50	2,50	7	2,517 5	2,482 5	18
0 20	1.	10	1,01	0,99	15
Bronze.					
0 10	10.	10	10,100	9,900	30
0 5	5.		5,050	4,950	25
0 2	2.	15	2,030	1,970	20
0 1	1.		1,015	0,985	15

Des anciennes mesures.

183. Le plus bel éloge qu'on puisse faire des nouvelles mesures est l'exposition des anciennes. Nous présentons ici celles qui étaient en usage à Paris.

L'unité de longueur se nommait *toise*; elle se divisait en 6 *pieds*, chacun de 12 *pouces*, et chaque pouce de 12 *lignes*.

L'unité de poids était la *livre*, partagée en 16 *onces*, chacune de 8 *gros* ou *drachmes*, divisés chacun en 72 *grains*, ou en 3 *scrupules* (de 24 grains). La livre était encore partagée en 2 *marcs*, de 8 onces chacun, etc.

La *livre-monnaie*, dite *tournois*, était composée de 20 sous, chacun de 12 *deniers*.

3.

ARITHMÉTIQUE.

Les étoffes étaient mesurées avec une longueur nommée *aune*, d'environ 44 pouces (43°,9028).

Le *boisseau*, capacité de 635,78 pouces cubes, contenait 16 litrons. Le *septier* valait 12 boisseaux ; la *mine*, 6 boisseaux ; le *minot*, 3 ; le *muid*, 144.

La *pinte*, qui devait contenir 48 pouces cubes, n'en avait réellement que 46,95. La *velte* valait 8 pintes, etc.

184. *Rapports entre les anciennes mesures de Paris et les nouvelles mesures.* — 1° Nous avons déjà dit (page 70, note) que

$$1 \text{ mètre} = 0^r,513\,074\,0.$$

Pour évaluer en pieds cette fraction décimale de la toise, il suffit de la multiplier par 6, puisque $1^T = 6^p$. On obtient ainsi

$$1^m = 0^T\ 3^p,078\,444.$$

De même, la fraction $0^p,078\,444$ peut être exprimée en *pouces* et en *lignes*, et l'on trouve enfin

$$1^m = 0\ \ 3^p\ 0°\ 11,295\,936^*.$$

2° Pour exprimer la toise en mètres, il suffit de diviser 1 par 0,513 074 ; on trouve

$$1^T = 1^m,949\,036\,3.$$

3° Si l'on forme la deuxième ou la troisième puissance du nombre 1,949 036 3, on aura les rapports de la toise carrée au mètre carré ou de la toise cube au mètre cube **. Voici les valeurs qui se déduisent de ces rapports :

Toise carrée = 3,798 743 639 mètres carrés.
Toise cube = 7,403 890 343 mètres cubes.

4° En comparant le kilogramme étalon avec la livre-poids, on a trouvé

---

* L'expression $0^T\ 3^p\ 0°\ 11^l$ est ce qu'on appelle un *nombre complexe*. Les opérations auxquelles donnaient lieu les nombres complexes étaient d'une complication rebutante. Le calcul des nouvelles mesures se réduit, absolument, à celui des nombres décimaux : c'est encore là un des nombreux avantages du système métrique.
** Voir la *Géométrie*.

1 kilogr. = 18 827,15 grains = 2,042 876 519 livres ;

d'où

1 livre = 489,505 847 grammes.

5° La comparaison entre les monnaies anciennes et le franc est basée sur cette relation simple :

80 francs = 81 livre tournois.

185. Il est facile de comprendre comment, à l'aide des nombres que nous venons de rappeler, on a pu former des *tables de conversion des anciennes mesures en nouvelles, ou réciproquement*. Un seul exemple suffira pour montrer l'usage de ces tables, imprimées dans l'*Annuaire du Bureau des longitudes*.

Réduire en mètres 63ᵀ 4ᴾ 7ᴾ 9ˡ. La table donne, à la simple lecture :

$$60^T = 116^m,94220$$
$$3^T = 5^m,84744$$
$$4^P = 1^m,29936$$
$$7^P = 0^m,18949$$
$$9^l = 0^m,02030$$

Donc $\quad 63^T 4^P 7^P 9^l = 124^m,29846.$

Résumé.

L'unité fondamentale du système métrique est le *mètre*: c'est la dix-millionième partie de la distance du pôle à l'équateur, mesurée sur le méridien de Paris. Le mètre est l'unité de longueur, et il a servi à former les unités de capacité, de poids, etc.

Pour les surfaces d'une médiocre étendue, l'unité employée est le *mètre carré*, c'est-à-dire un carré dont le côté égale 1ᵐ.

L'unité des *mesures agraires* est l'*are* : c'est un carré dont le côté égale 10ᵐ. Un are vaut 100 mètres carrés.

L'unité de mesure pour les liquides est le *litre* : c'est un cube dont l'arête égale 0ᵐ,1.

Quand il s'agit d'évaluer des matériaux, des terres, etc., on prend pour unité le *mètre cube*. Le mètre cube porte le nom de *stère*, lorsqu'il est employé à mesurer le bois de chauffage.

L'unité de poids se nomme *gramme* : c'est le poids d'un centimètre cube d'eau distillée, pesée dans le vide, à la température qui correspond au maximum de densité.

Le *franc* est l'unité de monnaie: c'est une pièce qui pèse 5 grammes et qui doit contenir 0,900 d'argent et 0,100 d'alliage.

Les multiples et les sous-multiples des unités principales sont formés d'après la loi de la numération décimale, c'est-à-dire qu'ils sont égaux à l'unité, multipliée ou divisée par 10, 100, 1000, 10000.

Les noms des multiples sont formés, en général, du nom de l'unité que l'on fait précéder des mots grecs : *déca, hecto, kilo, myria*. Pour désigner les sous-multiples, on emploie encore le nom de l'unité, précédé de l'un des mots latins : *déci, centi, milli, dix-milli*.

CHAPITRE VII.

Extraction de la racine carrée d'un nombre entier (186-195).

Préliminaires.

186. *Puissances.* — Nous avons déjà dit [40] qu'on appelle *puissance* d'un nombre, le produit de plusieurs facteurs égaux à ce nombre, et que le *degré* de la puissance est marqué par le nombre des facteurs. La *seconde* puissance et la *troisième* sont souvent désignées sous les noms de *carré* et de *cube* [*].

187. *Racines.* — En général, le nombre qui, *élevé* à une puissance donnée, reproduit un nombre donné, est la *racine* de celui-ci.

Par exemple, comme $3^5 = 243$, on dit que 3 est la *racine cinquième* de 243 : c'est ce qu'on exprime par l'égalité $3 = \sqrt[5]{243}$. Le signe $\sqrt{}$ est appelé *radical*; 5 est l'*indice* du radical.

188. *Formation du carré de la somme de deux nombres.* — Pour fixer les idées, soit à former le carré de $8 + 5$. En disposant l'opération comme on le voit ci-dessous :

$$\begin{array}{r} 8+5 \\ 8+5 \\ \hline 8^2 + 8.5 + 5^2 \\ +8.5 \\ \hline 8^2 + 2.8.5 + 5^2 \end{array}$$

---

[*] On verra, dans la *Géométrie*, la raison de ces dénominations.

nous reconnaissons que ce carré se compose : 1° du *carré de 8* ; 2° *de deux fois le produit de 8 par 5* ; 3° *du carré de 5*.

La composition que nous venons d'obtenir n'est évidemment pas particulière aux nombres 8 et 5 ; donc,

Le carré de la somme de deux nombres se compose : 1° *du carré de la première partie* ; 2° *de deux fois le produit de la première partie par la seconde* ; 3° *du carré de la seconde partie*. C'est ce qu'exprime, sous forme abrégée, l'égalité

$$(a+b)^2 = a^2 + 2ab + b^2 \text{*}.$$

189. *Carré d'un nombre formé de dizaines et d'unités*. — D'après ce qui vient d'être dit, ce carré se compose : 1° *du carré des dizaines* ; 2° *de deux fois le produit des dizaines par les unités* ; 3° *du carré des unités*.

190. *Différence entre les carrés de deux nombres entiers consécutifs*. — Dans la *formule* générale qui précède, supposons $b = 1$; elle devient

$$(a+1)^2 = a^2 + 2a + 1.$$

Ainsi, *quand un nombre augmente d'une unité, son carré augmente de deux fois ce nombre, plus 1.*

Par exemple, si à 144, carré de 12, on ajoute 2 fois 12, plus 1, ou 25, on aura le carré de 13. En effet,

$$13^2 = 169 = 144 + 25.$$

191. *Formation du cube de la somme de deux nombres*. — Multiplions $a^2 + 2ab + b^2$, carré de $a+b$, par $a+b$:

$$\begin{array}{r} a^2 + 2ab + b^2 \\ a + b \\ \hline a^3 + 2a^2b + ab^2 \\ + a^2b + 2ab^2 + b^3 \\ \hline a^3 + 3a^2b + 3ab^2 + b^3 \end{array}$$

nous trouvons

$$(a+b)^3 = a^3 + 3a^2b + 3ab^2 + b^3.$$

---

* L'expression ab équivaut à $a \times b$.

Ce résultat s'énonce ainsi :

Le cube de la somme de deux nombres se compose : 1° du cube de la première partie; 2° de trois fois le carré de la première partie par la seconde; 3° de trois fois la première partie par le carré de la seconde; 4° du cube de la seconde partie.

192. *Cube d'un nombre formé de dizaines et d'unités.* — Il est composé : 1° du cube des dizaines; 2° de trois fois le carré des dizaines par les unités; 3° de trois fois les dizaines par le carré des unités; 4° du cube des unités.

193. *Différence entre les cubes de deux nombres entiers consécutifs.* — Supposons, dans la formule générale, $b = 1$; nous aurons
$$(a+1)^3 = a^3 + 3a^2 + 3a + 1.$$

C'est-à-dire que, *si un nombre augmente d'une unité, son cube augmente de trois fois le carré de ce nombre, plus trois fois ce même nombre, plus 1.*

Ainsi, pour former le cube de 9, sachant que le cube de 8 est 512, on ajoute, à ce dernier nombre,

$$3 \cdot 8^2 + 3 \cdot 8 + 1 = 3 \cdot 8(8+1) + 1^*$$
$$= 24 \cdot 9 + 1 = 216 + 1 = 217;$$

et l'on trouve
$$9^3 = 512 + 217 = 729.$$

194. *Carrés et cubes des dix premiers nombres.* — Il est essentiel de se rappeler les nombres contenus dans le tableau suivant :

Nombres :	1,	2,	3,	4,	5,	6,	7,	8,	9,	10,
Carrés :	1,	4,	9,	16,	25,	36,	49,	64,	81,	100,
Cubes :	1,	8,	27,	64,	125,	216,	343,	512,	729,	1000.

L'inspection de ce tableau donne lieu aux remarques suivantes :

---

[*] Cette petite *transformation*, qui consiste à *mettre* $3 \cdot 8$ *en facteur commun* dans $3 \cdot 8^2 + 3 \cdot 8$, s'applique à $3a^2 + 3a + 1$. En effet, cette dernière quantité égale $3a(a+1) + 1$.

1° *Le carré d'un nombre plus grand que 10 est plus grand que 100;*

2° *Un entier terminé par 2, 3, 7, 8, ou par un nombre impair de zéros, n'est pas un carré;*

3° *Le cube d'un nombre plus grand que 10 est plus grand que 1000;*

4° *Un entier terminé par un nombre de zéros non divisible par 3 n'est pas un cube.*

Extraction de la racine carrée d'un nombre entier.

195. Proposons-nous d'*extraire la racine du plus grand carré* contenu dans le nombre $7\,542\,684 = N$; cette racine est ce qu'on appelle, pour abréger, la *racine entière* de N.

Ce dernier nombre étant plus grand que 100, sa racine entière est plus grande que 10 : elle se compose donc de dizaines et d'unités; en sorte que le nombre N contient [194]: 1° le carré des dizaines de sa racine; 2° deux fois le produit des dizaines par les unités; 3° le carré des unités; 4° un *reste*, qui sera nul si le nombre N est un *carré parfait*.

De ces quatre parties, la première, c'est-à-dire le carré des dizaines de la racine de N, est un nombre de centaines; donc elle se trouve dans les 75 426 centaines de N. Il y a plus : *la racine du plus grand carré contenu dans les centaines de N est égale aux dizaines de la racine de N.*

Pour démontrer ce principe fondamental, supposons que la racine du plus grand carré contenu dans 75 426 soit, par exemple, 287, et vérifions que N est compris entre les carrés de 2 870 et de 2 880.

Ces carrés s'obtiennent en formant les carrés des nombres 287 et 288, et en écrivant deux zéros à la droite de chacun d'eux. Mais, par hypothèse,

$$287^2 < 75\,426 < 288^2;$$

donc aussi

$$(2\,870)^2 < 7\,542\,684 < (2\,880)^2.$$

L'extraction de la racine entière du nombre donné est ainsi ramenée à l'extraction de la racine entière du nombre 75 426, lequel est plus petit que N. Semblablement, la recherche de

ARITHMÉTIQUE.   81

cette dernière racine sera simplifiée, si nous pouvons déterminer la racine du plus grand carré contenu dans 754 ; et ainsi de suite. La première partie de la règle peut donc être énoncée en ces termes :

Pour trouver le premier chiffre de la racine carrée entière d'un nombre donné N, *partagez ce nombre en tranches de deux chiffres, en commençant par la droite, et extrayez la racine du plus grand carré contenu dans la dernière tranche.*

Dans notre exemple, cette dernière tranche se réduit au seul chiffre 7 ; et, d'après la table ci-dessus, le plus grand carré contenu dans 7 est 4, dont la racine est 2. Il résulte donc, de la théorie précédente, que 2 exprime les dizaines de la racine entière du nombre 754.

Pour déterminer les unités de cette racine, retranchons de 754 le carré de 2 dizaines ; c'est-à-dire retranchons 4 de 7, et, à la droite du reste 3, abaissons *les chiffres 5 et 4, qui composent, dans* N, *la deuxième tranche de gauche.* Le deuxième reste 354, ainsi formé, comprend encore trois des quatre parties du nombre 754 : en particulier, il renferme *deux fois le produit des 2 dizaines de la racine par les unités de cette racine;* ou, ce qui est équivalent, *le produit du double des 2 dizaines par les unités.*

Ce produit, étant *un nombre de dizaines*, se trouve dans les 35 dizaines du reste : si donc nous divisons 35 par le double de 2, *nous aurons les unités de la racine entière du nombre* 754, *ou un chiffre trop fort* (parce que le dividende 35 peut contenir des dizaines provenant des deux dernières parties du nombre 754).

Le quotient de 35 par le double de 2 est 8 : 8 est *peut-être* le chiffre cherché. Pour le vérifier, essayons si de 354 nous pouvons retrancher $(40 + 8) . 8$, ou $48 . 8$. La soustraction est impossible : donc 8 est *trop fort*. Le même calcul, appliqué au nombre 7, réussit : donc 7 est le chiffre cherché, et 27 est la racine du plus grand carré contenu dans 754. De plus, le reste correspondant $= 754 - 27^2 = 354 - 47 . 7 = 25$.

On peut répéter les mêmes raisonnements, et l'on arrive à la seconde partie de la règle.

Ayant trouvé un certain nombre de chiffres de la racine, abaissez, à la droite du reste correspondant au dernier d'entre eux, la première des tranches non encore employées; séparez un chiffre sur la droite du nombre ainsi formé; divisez la partie restant à gauche par le double du nombre écrit à la racine : le quotient pourra être un nouveau chiffre de cette racine. Pour

5.

essayer ce chiffre, écrivez-le à la droite du diviseur ; multipliez, par le même chiffre, le nombre ainsi formé, et retranchez le produit du dividende employé, suivi du chiffre qui avait été séparé : si la soustraction est possible, le chiffre essayé n'est pas trop fort. En opérant ainsi sur le nombre proposé, on trouve 2 746 pour racine entière et 2 468 pour reste.

Voici le type du calcul :

$$
\begin{array}{r|l}
N = 7{,}5\ 4{,}2\ 6{,}8\ 4 & 2\ 746 \text{ racine.} \\
\text{1}^\text{er}\text{ reste } \quad 3\ 5{,}4 & 47 \\
\text{2}^\text{e}\text{ reste } \quad\quad 2\ 5\ 2{,}6 & 544 \\
\text{3}^\text{e}\text{ reste } \quad\quad\quad 3\ 5\ 0\ 8{,}4 & 5\ 486 \\
\text{4}^\text{e}\text{ reste} = R = 2\ 1\ 6\ 8 &
\end{array}
$$

196. Remarque. — *Chacun des restes obtenus ne doit pas surpasser le double de la partie connue de la racine.* — Si le troisième reste, par exemple, était égal ou supérieur à $274 \cdot 2 + 1$, on pourrait, du nombre 75 426, retrancher le carré de 275 [190] : on devrait donc écrire ce dernier nombre à la racine, au lieu de 274.

197. La règle précédente, appliquée au nombre

$$56\ 264\ 200\ 000\ 000,$$

donne 7 500 946 pour racine et 9 105 084 pour reste.

Voici la disposition du calcul :

$$
\begin{array}{r|l}
5\ 6{,}2\ 6{,}4\ 2{,}0\ 0{,}0\ 0{,}0\ 0{,}0\ 0 & 7\ 500\ 946 \\
7\ 2{,}6 & 145 \\
1\ 4{,}2\ 0{,}0\ 0{,}0 & 150\ 009 \\
6\ 9\ 9\ 1\ 9\ 0{,}0 & 1\ 500\ 184 \\
9\ 9\ 1\ 1\ 6\ 4\ 0{,}0 & 15\ 001\ 886 \\
R = 9\ 1\ 0\ 5\ 0\ 8\ 4 &
\end{array}
$$

Extraction de la racine cubique d'un nombre entier.

198. Soit le nombre $25\ 734\ 845\ 910 = N$. Des raisonnements analogues à ceux qui ont été employés plus haut [195] prouvent que l'on peut énoncer ainsi la première partie de la règle :

Pour trouver le premier chiffre de la racine cubique entière d'un nombre donné N, *partagez ce nombre en tranches de trois chiffres, en commençant par la droite, et extrayez la racine du plus grand cube contenu dans la dernière tranche.*

Dans notre exemple, cette dernière tranche, qui n'a que deux chiffres, forme le nombre 25. Le plus grand cube contenu dans 25 est 8, dont la racine cubique est 2 : 2 représente donc les dizaines de la racine du plus grand cube contenu dans 25 734 ; ou, ce qui est la même chose, 2 est le premier chiffre de la racine cubique de N.

L'analogie entre l'extraction de la racine cubique et l'extraction de la racine carrée se continue dans la seconde partie de la règle, qui peut être ainsi énoncée :

Ayant trouvé un certain nombre de chiffres de la racine, abaissez, à la droite du reste correspondant au dernier d'entre eux, la première des tranches non encore employées ; séparez deux chiffres sur la droite du nombre ainsi formé ; divisez la partie restant à gauche par trois fois le carré du nombre écrit à la racine : le quotient pourra être un nouveau chiffre de cette racine.

Le reste correspondant au premier chiffre 2 est

$$25 - 2^3 = 25 - 8 = 17.$$

A la droite de ce nombre, abaissons la tranche qui suit 25, et séparons deux chiffres ; nous obtiendrons 177 : ce nombre, divisé par $3 \cdot 2^2 = 12$, donne pour quotient un nombre de deux chiffres, lequel, évidemment, doit être rejeté. Nous essayerons donc le chiffre 9.

D'après la composition du cube d'un nombre formé de dizaines et d'unités [192], il faut, pour que le chiffre 9 soit bon, que, du nombre

$$17\,734 = 25\,734 - 20^3,$$

nous puissions retrancher

$$3 \cdot 20^2 \cdot 9 + 3 \cdot 20 \cdot 9^2 + 9^3 = (3 \cdot 20^2 + 3 \cdot 20 \cdot 9 + 9^2) \cdot 9$$
$$= (1200 + 540 + 81) \cdot 9 = 1821 \cdot 9 = 16\,389$$

La soustraction est possible : donc 9 représente les unités de la racine cubique entière de 25 734, ou le deuxième chiffre de la racine cubique de N.

En répétant le raisonnement déjà employé, nous verrons que, pour trouver le troisième chiffre de la racine, nous devons abaisser, à la droite du reste 1 345, provenant de la soustraction précédente, le nombre 845, séparer deux chiffres sur la droite, et diviser 13 458 par $29^2 . 3 = 2 523$. Pour vérifier si le quotient 5 est le troisième chiffre de la racine, opérons comme ci-dessus : nous aurons

$$(3 . 290^2 + 3 . 290 . 5 + 5^2) . 5 = (252 300 + 4 350 + 25) . 5$$
$$= 256 675 . 5 = 1 283 375.$$

Ce nombre peut être retranché de 1 345 845 ; donc le chiffre 5 est bon, etc. Voici le détail du calcul :

25,734,845,910	2 952		
17 7,34	1 200 1ᵉʳ diviseur.	29	295
1 345 8,45	540	29	295
624 70 9,10	81	261	1 475
Reste 10 2 20 5 02	1 821 × 9	58	26 55
	252 300 2ᵉ diviseur.	844	59 0
	4 350	3	87 025
	25	2 523	3
	256 675 × 5		261 075
	261 075 00 3ᵉ diviseur.		
	1 77 00		
	4		
	261 252 04 × 2		

La racine cubique cherchée est 2 952, et le reste égale 10 220 502 ; en sorte que

$$25 734 845 910 = 2 952^3 + 10 220 502.$$

199. *Vérification du chiffre trouvé.* — Revenons sur la quantité

$$3 . 20^2 + 3 . 20 . 9 + 9^2.$$

Comme 2 est le chiffre des dizaines de la racine cubique de 25 734, nous voyons que cette quantité est égale à *trois fois le carré des dizaines, plus trois fois le produit des dizaines par les unités, plus le carré des unités.* Ces trois parties peuvent être calculées très-aisément : car *la première est égale au* diviseur $3 \cdot 2^2$, *suivi de deux zéros*, et *la deuxième est égale à trois fois le produit du nombre 2 antérieurement écrit à la racine, par le chiffre qu'on essaye, ce produit étant suivi d'un zéro*. Il est donc facile de vérifier si le chiffre obtenu est exact.

200. Remarque. — A cause de $(a+1)^3 = a^3 + 3a^2 + 3a + 1$, chaque reste doit être inférieur *à trois fois le carré du nombre écrit à la racine, plus trois fois ce nombre, plus 1*. En particulier, le dernier reste doit satisfaire à l'inégalité

$$10\,220\,502 < 3 \cdot 2\,952^2 + 3 \cdot 2\,952 + 1;$$

ce qui a lieu en effet.

201. *Formation des diviseurs.* — La partie la plus pénible du calcul est la formation des diviseurs. Elle peut être considérablement réduite. Pour le faire voir, considérons, par exemple, le diviseur

$$261\,075 = 295^2 \cdot 3.$$

Nous pouvons écrire

$$295^2 = (290+5)^2 = 290^2 + 2 \cdot 290 \cdot 5 + 5^2;$$

donc

$$diviseur = 3 \cdot 290^2 + 6 \cdot 290 \cdot 5 + 3 \cdot 5^2.$$

D'un autre côté, pour vérifier le chiffre 5, nous avons formé le nombre

$$256\,675 = 3 \cdot 290^2 + 3 \cdot 290 \cdot 5 + 5^2;$$

donc

$$\begin{aligned}diviseur &= 256\,675 + 3 \cdot 290 \cdot 5 + 2 \cdot 5^2,\\ &= 256\,675 + 4\,350 + 25 + 25,\\ &= 4\,350 + 25 + 256\,675 + 25.\end{aligned}$$

Ainsi, *quand on a trouvé un certain chiffre de la racine, et que l'on veut calculer le diviseur subséquent, il faut, à la somme des trois nombres qui ont servi à vérifier le chiffre dont il s'agit, ajouter les deux derniers nombres et encore le dernier*[*].

---

[*] L'emploi des notations algébriques facilite la démonstration de cette

ARITHMÉTIQUE.

Avec cette modification, le calcul prend la forme ci-jointe :

```
2 5,7 3 4,8 4 5 9 1 0  | 2 952
  1 7 7,3 4            |----------
    1 3 4 5 8,4 5      | 1 200  1ᵉʳ diviseur.
        6 2 4 7 0 9,1 0|   540
Reste   1 0 2 2 0 5 0 2|    84
                       |----------
                       | 1 821 × 9
                       |    81
                       |----------
                       | 252 300  2ᵉ diviseur.
                       |   4 350
                       |      25
                       |----------
                       | 256 675 × 5
                       |      25
                       |----------
                       | 26 107 500  3ᵉ diviseur.
                       |     17 700
                       |          4
                       |----------
                       | 26 125 204 × 2.
```

Pour former le deuxième diviseur, nous avons écrit $81 = 9^2$ au-dessous de 1 821 ; et nous avons fait la somme des quatre nombres 540, 81, 1 821, 81.

De même, conformément à la démonstration donnée ci-dessus, le troisième diviseur

$$= 4\,350 + 25 + 256\,675 + 25,$$

etc.

202. Afin que le lecteur se familiarise avec ce procédé, nous l'appliquerons encore à la racine cubique entière du nombre 893 700 654 813 462 753.

règle. En effet, si l'on appelle a les dizaines et b les unités de la partie déjà connue de la racine, le nouveau diviseur sera :

$$3(a+b)^2 = 3(a^2 + 2ab + b^2) = 3a^2 + 6ab + 3b^2$$
$$= (3a^2 + 3ab + b^2) + (3ab + b^2) + b^2.$$

ARITHMÉTIQUE.

```
8 9 3,7 0 0,6 5 4,8 4 3,4 6 2,7 5 3 | 963234
1 6 4 7,0 0                          |───────
     8 9 6 4 6,5 4                   | 24300
         6 4 4 3 0 7 8,4 3           | 4620
             8 7 7 7 0 8 4 5 4,6 2   | 36
                 4 2 7 0 3 6 2 4 9 5 7,5 3 | 25956 × 6
                     1 4 8 6 9 2 4 2 0 7 3,6 2 | 36
```

	2764800
	8640
	9
	2773449 × 3
	9
	278210700
	57780
	4
	278268484 × 2
	4
	27832627200
	866880
	9
	27833494089 × 3
	9
	2783436098700
	2889690
	1
	2783438988391 × 1

La racine cubique est 963 234, et le reste égale 1 486 924 207 362.

Carré et cube d'une fraction.

203. *Carré et cube d'une fraction.* — On a vu [138] que, pour élever une fraction à une puissance, on élève les deux termes à cette puissance; donc

$$\left(\frac{a}{b}\right)^2 = \frac{a^2}{b^2}, \quad \left(\frac{a}{b}\right)^3 = \frac{a^3}{b^3}.$$

Réciproquement, *la racine carrée d'une fraction dont les deux termes sont des carrés parfaits, s'obtient en divisant la* racine du numérateur par la racine du dénominateur. De même pour la racine cubique. Par exemple,

$$\sqrt{\frac{16}{25}} = \frac{4}{5}, \quad \sqrt[3]{\frac{8}{27}} = \frac{2}{3}.$$

204. Théorème. — *Tout nombre entier, qui n'est pas le carré d'un nombre entier, n'est pas non plus le carré d'un nombre fractionnaire.*

Soit, s'il est possible, $7 = \left(\dfrac{a}{b}\right)^2$, $\dfrac{a}{b}$ étant une fraction irréductible. Il résulterait, de cette hypothèse, que *la fraction irréductible* $\dfrac{a^2}{b^2}$ (139) *serait égale à un nombre entier* : ce qui est absurde.

Plus généralement, si $\dfrac{A}{B}$ *est une fraction irréductible dont les deux termes ne soient pas des carrés parfaits* *, *cette fraction n'est le carré d'aucune fraction.*

205. Des incommensurables. — Puisqu'il n'existe aucun nombre, soit entier, soit fractionnaire, dont le carré reproduise 7, *ce qu'on appelle* $\sqrt{7}$ est une quantité qui n'a pas de commune mesure avec l'unité. En d'autres termes, $\sqrt{7}$ est une quantité *incommensurable* **.

206. Problème. — *Calculer, avec une approximation donnée, la racine carrée d'un nombre fractionnaire donné.* — Proposons-nous, par exemple, de calculer $\sqrt{\dfrac{17}{23}}$, à moins de 0,001 ***.

---

* On appelle ordinairement *carré parfait*, le carré d'un nombre entier.
** Dire que $\sqrt{7}$ est *incommensurable*, ce n'est pas définir $\sqrt{7}$. Pendant longtemps les arithméticiens ont éludé la difficulté en disant : $\sqrt{7}$ est une *quantité qui, multipliée par elle-même, reproduit* 7. Nous avons fait remarquer, il y a bien des années, que cette prétendue définition constitue un cercle vicieux complet : car, pour savoir ce que signifie l'expression *multiplier par* $\sqrt{7}$, il faudrait avoir défini $\sqrt{7}$. Nous avons, en même temps, proposé la définition suivante : *La racine carrée de* 7 *est la limite des nombres dont les carrés ont pour limite* 7. Cette manière d'envisager la *théorie des incommensurables*, repoussée d'abord, a été adoptée depuis. (*Voyez* les Traités d'Arithmétique de MM. Briot, Bertrand, Serret. *Voyez* aussi le *Manuel des candidats à l'École Polytechnique*.)
*** Dans cette question et dans toutes celles du même genre, la définition de la racine carrée d'un nombre *non carré* est sous-entendue.

Nous aurons satisfait à la question si nous pouvons déterminer *deux nombres consécutifs de millièmes*, entre lesquels soit comprise $\sqrt{\frac{17}{23}}$. Posons donc

$$\frac{x}{1000} < \sqrt{\frac{17}{23}} < \frac{x+1}{1000},$$

ou

$$\frac{x^2}{1000^2} < \frac{17}{23} < \frac{(x+1)^2}{1000^2}.$$

Multiplions ces trois quantités par 1000^2; nous aurons

$$x^2 < \frac{17 \cdot 1000^2}{23} < (x+1)^2.$$

Cette double inégalité montre que *le produit de la fraction donnée, par le carré du dénominateur de l'approximation, tombe entre les carrés des numérateurs cherchés*. D'un autre côté, ce produit est compris entre deux nombres entiers consécutifs; donc ceux-ci sont pareillement compris entre x^2 et $(x+1)^2$. De là, la règle suivante :

Cherchez, à moins d'une unité, *le produit du nombre donné, par le carré du dénominateur de l'approximation; extrayez, à moins d'une unité, la racine carrée de ce produit : cette racine, prise par défaut ou par excès, étant divisée par le dénominateur donné, satisfait à la question.*

Dans l'exemple proposé,

$$\frac{17 \cdot 1000^2}{23} = 739\,130\,\frac{10}{23}.$$

De plus, la racine entière de $739\,130$, prise par défaut, est 859; donc $\sqrt{\frac{17}{23}}$ est comprise entre $0{,}859$ et $0{,}860$.

207. Remarque.—Pour trouver $\frac{17 \cdot 1000^2}{23}$, on ajoute 6 zéros à la droite de 17, puis l'on divise par 23 : ce calcul équivaut à la réduction de $\frac{17}{23}$ en décimales [168]; donc l'énoncé précédent peut être ainsi modifié :

Pour évaluer en décimales la racine carrée d'un nombre donné, réduisez ce nombre en décimales, en calculant deux fois autant de chiffres décimaux que vous en voulez avoir à la racine : la racine entière du numérateur de la fraction décimale obtenue sera le numérateur de la fraction décimale cherchée.

Si le nombre donné est une fraction décimale, le calcul se simplifie.

Par exemple, pour déterminer, à moins de $0{,}001$, $\sqrt{237{,}8}$, nous écrirons
$$237{,}8 = 237{,}800\,000.$$

Le *numérateur* de ce nombre décimal est $237\,800\,000$; de plus, la racine entière de ce dernier nombre, prise par défaut, est $15\,421$; donc
$$\sqrt{237{,}8} = 15{,}421,$$
à moins de $0{,}001$.

Semblablement, $\sqrt{0{,}257}$, à moins de $0{,}1$,
$$= \sqrt{0{,}25} = 0{,}5.$$

208. Les considérations précédentes sont applicables à la racine cubique. Pour le faire voir, proposons-nous de calculer, à moins de $\dfrac{1}{250}$, la racine cubique de $\dfrac{623}{213}$; nous aurons, successivement :

$$\frac{x}{250} < \sqrt[3]{\frac{623}{213}} < \frac{x+1}{250},$$

$$\frac{x^3}{250^3} < \frac{623}{213} < \frac{(x+1)^3}{250^3},$$

$$x^3 < \frac{623 \cdot 250^3}{213} < (x+1)^3,$$

$$x^3 < \frac{9\,734\,375\,000}{213} < (x+1)^3,$$

$$x^3 < 45\,701\,294 < (x+1)^3;$$

puis, en extrayant la racine cubique entière de $45\,701\,294$,
$$x = 357.$$

Les deux fractions satisfaisant à la question, et entre lesquelles tombe $\sqrt[3]{\frac{623}{213}}$, sont donc

$$\frac{357}{250} \text{ et } \frac{358}{250}.$$

Résumé.

Le carré de la somme de deux nombres se compose : 1° du carré de la première partie ; 2° de deux fois le produit de la première partie par la seconde ; 3° du carré de la seconde partie.

Le carré d'un nombre formé de dizaines et d'unités se compose : 1° du carré des dizaines ; 2° de deux fois le produit des dizaines par les unités, 3° du carré des unités.

Quand un nombre augmente d'une unité, son carré augmente de deux fois ce nombre, plus 1.

Le cube de la somme de deux nombres se compose : 1° du cube de la première partie ; 2° de trois fois le carré de la première partie par la seconde ; 3° de trois fois la première partie par le carré de la seconde ; 4° du cube de la seconde partie.

Le cube d'un nombre formé de dizaines et d'unités est formé : 1° du cube des dizaines ; 2° de trois fois le carré des dizaines par les unités ; 3° de trois fois les dizaines par le carré des unités ; 4° du cube des unités.

Si un nombre augmente d'une unité, son cube augmente de trois fois le carré de ce nombre, plus trois fois ce même nombre, plus 1.

Le carré d'un nombre plus grand que 10 est plus grand que 100. Un entier terminé par 2, 3, 7, 8, ou par un nombre impair de zéros, n'est pas un carré. Le cube d'un nombre plus grand que 10 est plus grand que 1000. Un entier terminé par un nombre de zéros non divisible par 3, n'est pas un cube.

Pour trouver le premier chiffre de la racine carrée entière d'un nombre donné N, on partage ce nombre en tranches de deux chiffres, en commençant par la droite, et l'on extrait la racine du plus grand carré contenu dans la dernière tranche. Ayant obtenu un certain nombre de chiffres de la racine, on abaisse, à la droite du reste correspondant au dernier d'entre eux, la première des tranches non encore employées ; on sépare un chiffre sur la droite du nombre ainsi formé ; on divise la partie restant à gauche par le double du nombre écrit à la racine : le quotient peut être un nouveau chiffre de cette racine. Pour essayer ce chiffre, on l'écrit à la droite du diviseur ; on multiplie, par le même chiffre, le nombre ainsi formé, et on retranche le produit du dividende employé, suivi du chiffre qui avait été séparé : si la soustraction est possible, le chiffre essayé n'est pas trop fort.

Pour trouver le premier chiffre de la racine cubique entière d'un nombre donné N, on partage ce nombre en tranches de trois chiffres, en commençant par la droite, et on extrait la racine du plus grand cube contenu dans la dernière tranche. Ayant obtenu un certain nombre de chiffres de la racine, on abaisse, à la droite du reste correspondant au dernier d'entre eux, la première des tranches non encore employées; on sépare deux chiffres sur la droite du nombre ainsi formé; on divise la partie restant à gauche par trois fois le carré du nombre écrit à la racine : le quotient peut être un nouveau chiffre de cette racine.

Quand on a obtenu un certain chiffre de la racine, et que l'on veut calculer le diviseur subséquent, on doit, à la somme des trois nombres qui ont servi à vérifier le chiffre dont il s'agit, ajouter les deux derniers nombres, et encore le dernier.

Pour élever une fraction à une puissance, on élève les deux termes à cette puissance. *Réciproquement*, la racine carrée d'une fraction dont les deux termes sont des carrés parfaits, s'obtient en divisant la racine du numérateur par la racine du dénominateur.

Tout nombre entier, qui n'est pas le carré d'un nombre entier, n'est pas non plus le carré d'un nombre fractionnaire.

Puisqu'il n'existe aucun nombre, soit entier, soit fractionnaire, dont le carré reproduise 7, ce qu'on appelle $\sqrt{7}$ est une quantité qui n'a pas de commune mesure avec l'unité. En d'autres termes, $\sqrt{7}$ est une quantité *incommensurable*.

Pour calculer, avec une approximation donnée, la racine carrée d'un nombre fractionnaire donné, on cherche, *à moins d'une unité*, le produit du nombre donné, par le carré du dénominateur de l'approximation; on extrait, à moins d'une unité, la racine carrée de ce produit : cette racine, prise par défaut ou par excès, et divisée par le dénominateur donné, satisfait à la question.

Pour évaluer en décimales la racine carrée d'un nombre donné, on réduit ce nombre en décimales, en calculant deux fois autant de chiffres décimaux que l'on veut en avoir à la racine; la racine entière du numérateur de la fraction décimale ainsi obtenue sera le numérateur de la fraction décimale cherchée.

Les considérations précédentes sont applicables à la racine cubique.

CHAPITRE VIII.

Rapport des grandeurs concrètes (209, 211). — Ce qu'on nomme proportion (210)*. — Égalité du produit des extrêmes au produit des moyens (215, 216).

Rapports des grandeurs concrètes. Ce qu'on nomme proportion.

209. On appelle *rapport* d'un nombre à un autre nombre, le quotient du premier par le second. Le premier nombre est l'*antécédent* du rapport; l'autre en est le *conséquent*. L'antécédent et le conséquent sont appelés *termes* du rapport.

Si l'on renverse l'ordre des termes, le nouveau rapport est dit *inverse* du précédent : *le produit de deux rapports inverses est égal à l'unité.*

Considérons, par exemple, les deux nombres $\frac{5}{3}$ et $\frac{11}{7}$. Le rapport du premier au second est $\frac{5}{3} : \frac{11}{7} = \frac{35}{33}$; $\frac{5}{3}$ est l'antécédent, $\frac{11}{7}$ est le conséquent; et, si l'on renverse l'ordre de ces deux termes, on aura $\frac{11}{7} : \frac{5}{3} = \frac{33}{35}$; etc.

210. Lorsque quatre nombres sont tels, que le rapport des deux premiers est égal au rapport des deux derniers, ces quatre nombres sont dits *en proportion* : *une proportion est donc l'expression de l'égalité entre deux rapports.*

Par exemple, le rapport de 12 à 10 étant égal au rapport de 18 à 15, l'égalité

$$\frac{12}{10} = \frac{18}{15}$$

constitue une proportion. On l'énonce habituellement ainsi : *12 est à 10 comme 18 est à 15.* Des quatre *termes* de cette proportion, 12 et 15 sont les *extrêmes*, 10 et 18 sont les *moyens*.

---

* Pendant treize ans, nous avons protesté contre la proscription dont la théorie des proportions était l'objet. Le nouveau programme, en mentionnant cette théorie, prouve que nos protestations étaient fondées.

94　　　　　　　　ARITHMÉTIQUE.

211. Au lieu de nombres, on peut, pour plus de généralité, considérer des *grandeurs*; on adopte alors la définition suivante :

Le rapport d'une grandeur à une grandeur de même espèce est le nombre qui mesure la première grandeur, lorsque la seconde est prise pour unité[*].

212. Théorème I. — *Le rapport de deux grandeurs* A, B, *de même espèce, est égal au quotient des rapports entre ces deux grandeurs et une troisième grandeur quelconque* C, *de même espèce que les deux premières.*

D'après la définition, si a est le rapport de A à C, on aura

$$A = C \cdot a\text{[**]}.$$

De même, b étant le rapport de B à C,

$$B = C \cdot b.$$

Mais, si une grandeur devient un certain nombre de fois plus grande ou plus petite, il en est de même pour sa mesure; donc

$$A \cdot b = C \cdot (ab) = B \cdot a\text{[***]},$$

ou

$$A \cdot b = B \cdot a.$$

D'après cette dernière égalité, la mesure de $A \cdot b$ serait a, si B était prise pour unité; donc la mesure de A sera $\dfrac{a}{b}$.

---

[*] Cette définition rentre dans ce qui a été vu ci-dessus [2].

[**] En effet, suivant qu'une longueur est égale à 2 mètres, à 3 mètres, à $\frac{3}{4}$ de mètre, c'est-à-dire suivant qu'elle est égale à *un mètre*. 2, à *un mètre*. 3, à *un mètre*. $\frac{3}{4}$, son *rapport* avec le mètre est 2, 3 ou $\frac{3}{4}$.

[***] Ce raisonnement prouve que $C \cdot a \cdot b = C \cdot ab$. Ainsi, pour multiplier *une grandeur concrète par un produit de plusieurs facteurs, on peut la multiplier par le premier facteur, puis multiplier le résultat par le second facteur, et ainsi de suite.* Ce théorème avait déjà été établi pour le cas où le multiplicande est un nombre [42]; mais la démonstration, s'appuyant sur l'interversion des facteurs, n'est pas applicable au cas actuel, attendu qu'*une grandeur concrète ne peut jamais être prise comme multiplicateur.*

ARITHMÉTIQUE.

213. Théorème II. — *Dans toute suite de rapports égaux, la somme des antécédents est à la somme des conséquents, comme un antécédent est à son conséquent.*

Soit r la valeur commune des rapports $\dfrac{a}{a'}$, $\dfrac{b}{b'}$, $\dfrac{c}{c'}$; on aura

donc
$$a = a'r,\ b = b'r,\ c = c'r;$$

ou
$$a + b + c = (a' + b' + c')r,$$

$$\frac{a+b+c}{a'+b'+c'} = r = \frac{a}{a'} = \frac{b}{b'} = \frac{c}{c'}.$$

Propriétés des proportions.

214. On a vu plus haut [210] qu'*une proportion est l'expression de l'égalité entre deux rapports.* Il résulte de cette définition et du théorème I, que, *si quatre grandeurs sont en proportion, les nombres qui les mesurent sont en proportion, et réciproquement.* Par exemple, la proportion entre grandeurs concrètes :

$$\frac{6 \text{ mètres}}{4 \text{ mètres}} = \frac{3 \text{ jours}}{2 \text{ jours}},$$

peut être remplacée par

$$\frac{6}{4} = \frac{3}{2}.$$

C'est à ces proportions, dans lesquelles on considère seulement des nombres, que sont applicables les propriétés contenues dans les théorèmes suivants.

215. Théorème III. — *Dans toute proportion, le produit des extrêmes est égal au produit des moyens.*

Soit la proportion

$$\frac{a}{b} = \frac{c}{d},$$

dans laquelle a, b, c, d représentent des nombres quelconques. Si nous multiplions par d les deux termes du premier rapport, et par b les deux termes du second, ces rapports ne changeront pas, et nous aurons

$$\frac{ad}{bd} = \frac{cb}{db}.$$

Or,
$$bd = db;$$

donc
$$ad = cb.$$

216. Remarque. — Ce théorème donne le moyen de trouver l'un des quatre termes d'une proportion, connaissant les trois autres : 1° si le terme inconnu est un *extrême*, on fait le produit des moyens, et on le divise par l'extrême connu ; 2° si ce terme inconnu est un *moyen*, on fait le produit des extrêmes, et on le divise par le moyen connu.

Par exemple, la proportion

$$\frac{8}{45} = \frac{23}{x}$$

donne
$$x = \frac{45 \cdot 23}{8} = 43\frac{4}{8}.$$

217. Si la proportion avait lieu entre des grandeurs concrètes, on ne pourrait pas égaler le produit des extrêmes au produit des moyens ; car le mot *produit* n'aurait plus de sens. Mais, en appliquant la propriété fondamentale démontrée ci-dessus [215], on pourra calculer *le nombre qui représente le rapport entre la grandeur inconnue et son unité*. Ainsi, la proportion

$$\frac{6 \text{ mètres}}{4 \text{ mètres}} = \frac{3 \text{ jours}}{x \text{ jours}}$$

équivaut à celle-ci :

$$\frac{6}{4} = \frac{3}{x},$$

et cette dernière donne

$$x = \frac{4 \cdot 3}{6} = 2.$$

218. On peut encore observer que la proportion

$$\frac{6 \text{ mètres}}{4 \text{ mètres}} = \frac{3 \text{ jours}}{x \text{ jours}}$$

donne, *en prenant les inverses,*

d'où
$$\frac{x \text{ jours}}{3 \text{ jours}} = \frac{4 \text{ mètres}}{6 \text{ mètres}};$$

$$x \text{ jours} = 3 \text{ jours} \cdot \frac{4 \text{ mètres}}{6 \text{ mètres}}.$$

Et comme le rapport de 4 mètres à 6 mètres est égal au rapport de 4 à 6,

$$x \text{ jours} = 3 \text{ jours} \cdot \frac{4}{6} = 2 \text{ jours}.$$

En résumé, il est plus simple de faire abstraction de la nature des grandeurs données, et de ne considérer que leurs mesures.

219. Théorème IV (réciproque du précédent). — *Si quatre nombres sont tels, que le produit de deux d'entre eux soit égal au produit des deux autres, ces quatre nombres forment une proportion, dans laquelle les extrêmes ou les moyens sont les deux premiers nombres.*

Il est clair, en effet, que de

$$ad = bc$$

on déduit les *huit proportions* suivantes, ou, plus exactement, les huit manières d'écrire la même proportion :

$$\frac{a}{b} = \frac{c}{d}, \quad \frac{a}{c} = \frac{b}{d}, \quad \frac{d}{b} = \frac{c}{a}, \quad \frac{d}{c} = \frac{b}{a},$$

$$\frac{b}{a} = \frac{d}{c}, \quad \frac{b}{d} = \frac{a}{c}, \quad \frac{c}{a} = \frac{d}{b}, \quad \frac{c}{d} = \frac{a}{b}.$$

220. Théorème V. — *Si deux proportions ont un rapport commun, les deux autres rapports forment une proportion.*

a 6

En effet, les deux égalités

$$\frac{a}{b}=\frac{c}{d}, \quad \frac{a}{b}=\frac{e}{f}$$

donnent

$$\frac{c}{d}=\frac{e}{f}.$$

221. Théorème VI. — *Dans toute proportion, la somme des deux premiers termes est au premier terme ou au deuxième, comme la somme des deux derniers termes est au troisième terme ou au quatrième.*

Nous avons démontré [216] que *la somme des antécédents est à la somme des conséquents, comme un antécédent est à son conséquent.* Cela posé, soit la proportion

$$\frac{a}{b}=\frac{c}{d}.$$

Elle donne

$$\frac{a}{c}=\frac{b}{d};$$

puis, par la propriété qui vient d'être rappelée,

$$\frac{a+b}{c+d}=\frac{a}{c}=\frac{b}{d};$$

donc

$$\frac{a+b}{a}=\frac{c+d}{c},$$

ou

$$\frac{a+b}{b}=\frac{c+d}{d}.$$

On démontre, avec autant de facilité, la proposition suivante :

222. Théorème VII. — *Dans toute proportion, la somme des deux premiers termes est à leur différence, comme la somme des deux derniers termes est à leur différence.*

223. Théorème VIII. — *Quand on multiplie plusieurs proportions terme à terme, les produits sont en proportion.*

Soient les proportions

$$\frac{a}{b}=\frac{c}{d}, \quad \frac{a'}{b'}=\frac{c'}{d'}, \quad \frac{a''}{b''}=\frac{c''}{d''}.$$

La règle de la multiplication des fractions donne

$$\frac{a}{b} \cdot \frac{a'}{b'} = \frac{a \cdot a'}{b \cdot b'}, \text{ etc. }^{*};$$

donc

$$\frac{a \cdot a' \cdot a''}{b \cdot b' \cdot b''} = \frac{c \cdot c' \cdot c''}{d \cdot d' \cdot d''}.$$

224. Corollaires. — 1° *Si quatre nombres sont en proportion, leurs puissances de même degré sont en proportion*

2° *Si quatre nombres sont en proportion, leurs racines de même degré sont en proportion* [**]

225. Problème. — *Résoudre la proportion*

$$\frac{a}{x} = \frac{x}{b}.$$

En égalant le produit des moyens et celui des extrêmes, nous trouvons

$$x^2 = ab,$$

donc

$$x = \sqrt{ab}.$$

226. Remarque. — Quand les moyens d'une proportion sont égaux entre eux, chacun d'eux est dit *moyen proportionnel* entre les deux extrêmes. Conséquemment, *la moyenne proportionnelle entre deux nombres est égale à la racine carrée de leur produit*.

Par exemple, la moyenne proportionnelle entre 3 et 48 est

$$\sqrt{3 \cdot 48},$$

c'est-à-dire 12.

En effet,

$$\frac{3}{12} = \frac{12}{48}.$$

---

* Les règles démontrées pour le cas où les termes a, b, a', b', etc., sont entiers, subsistent pour des valeurs quelconques de ces quantités.

** Cet énoncé suppose la définition du *rapport entre deux quantités incommensurables*.

Résumé.

On appelle *rapport* d'un *nombre* à un autre *nombre*, le quotient du premier par le second. Le premier nombre est l'*antécédent* du rapport, l'autre en est le *conséquent*. L'antécédent et le conséquent sont appelés *termes* du rapport.

Si l'on renverse l'ordre des termes, le nouveau rapport est dit *inverse* du précédent : le produit de deux rapports inverses est égal à l'unité.

Lorsque quatre *nombres* sont tels, que le rapport des deux premiers est égal au rapport des deux derniers, ces quatre nombres sont dits *en proportion :* une proportion est donc l'expression de l'égalité entre deux rapports.

Au lieu de nombres, on peut, pour plus de généralité, considérer des *grandeurs ;* on adopte alors la définition suivante : Le rapport d'une grandeur à une grandeur de même espèce est le nombre qui mesure la première grandeur, lorsque la seconde est prise pour l'unité.

Le rapport de deux grandeurs de même espèce est égal au quotient des rapports entre ces deux grandeurs et une troisième grandeur quelconque, de même espèce que les deux premières.

Dans toute suite de rapports égaux, la somme des antécédents est à la somme des conséquents, comme un antécédent est à son conséquent.

Dans toute proportion, le produit des extrêmes est égal au produit des moyens.

Si quatre nombres sont tels, que le produit de deux d'entre eux soit égal au produit des deux autres, ces quatre nombres forment une proportion, dans laquelle les extrêmes ou les moyens sont les deux premiers nombres.

Si deux proportions ont un rapport commun, les deux autres rapports forment une proportion.

Dans toute proportion, la somme des deux premiers termes est au premier terme ou au deuxième, comme la somme des deux derniers termes est au troisième terme ou au quatrième.

Dans toute proportion, la somme des deux premiers termes est à leur différence, comme la somme des deux derniers termes est à leur différence.

Quand on multiplie plusieurs proportions terme à terme, les produits sont en proportion.

La moyenne proportionnelle entre deux nombres est égale à la racine carrée de leur produit.

CHAPITRE IX.

Règles de trois, d'intérêt et d'escompte (227-241). — Règle de société (242-245).

Des règles de trois.

227. On donne, ou plutôt l'on donnait le nom de *règle de trois* à toute question qui se réduit à trouver un des quatre termes d'une proportion, connaissant les trois autres.

Exemple : *25 mètres de drap ont coûté 60 fr.; combien coûteront 37 mètres du même drap ?*

Il est évident que si 25 mètres ont coûté 60 fr., deux fois, trois fois,... 37 mètres doivent coûter deux fois, trois fois,... 60 fr.; le rapport des nombres de mètres est donc égal au rapport des nombres de francs correspondants; en sorte que le prix inconnu est donné par la proportion

$$\frac{25}{37} = \frac{60}{x};$$

d'où

$$x = \frac{37 \times 60}{25} = \frac{37 \times 12}{5} = 88,8.$$

Les 37 mètres coûteraient donc 88 fr. 80 c.

228. Dans la question précédente, la règle de trois était *directe et simple* : *directe*, parce que les prix étaient *directement* proportionnels aux quantités de drap; *simple*, parce que l'inconnue était donnée par une seule proportion. Nous allons donner un exemple de *règle de trois composée*, résultant d'une règle *directe et simple* et d'une règle *inverse et simple*. Du reste, toutes ces inutiles classifications sont tombées en désuétude.

Problème. — *30 ouvriers, travaillant 13 jours, ont fait 50 mètres d'un certain ouvrage; en combien de jours 28 ouvriers feraient-ils 40 mètres du même ouvrage ?*

Soit x' le nombre des jours nécessaires aux 28 ouvriers pour exécuter 50 mètres. On admet que, le nombre des ouvriers devenant *double, triple,...* le nombre des jours devient *deux fois plus petit, trois fois plus petit...*, ou que le second nombre est *inversement proportionnel* au premier. Cela étant, l'inconnue auxiliaire x' est donnée par la *règle de trois inverse et simple* :

$$\frac{28}{30} = \frac{13}{x'}. \qquad (1)$$

Soit maintenant x le nombre de jours qu'emploieront les 28 ouvriers pour exécuter 40 mètres. *Moins* il y a d'ouvrage, *moins* il faut de temps; donc x est donné par la *règle de trois directe et simple* :

$$\frac{50}{40} = \frac{x'}{x}. \qquad (2)$$

Pour *éliminer* x', on multiplie terme à terme les proportions (1) et (2); ce qui donne

$$\frac{28 \cdot 50}{30 \cdot 40} = \frac{13}{x};$$

d'où

$$x = \frac{13 \cdot 30 \cdot 40}{28 \cdot 50} = \frac{13 \cdot 6}{7} = \frac{78}{7} = 11\tfrac{1}{7}.$$

Ainsi, le temps demandé est $11\tfrac{1}{7}$.

Méthode de réduction à l'unité.

229. Pour résoudre les questions analogues aux deux précédentes, on peut, au lieu de règles de trois, employer avec avantage une méthode connue sous le nom de *réduction à l'unité*. Un seul exemple suffira pour faire comprendre l'esprit de cette méthode et pour formuler la *règle générale* donnant la valeur de l'inconnue.

230. Problème. — *20 ouvriers, travaillant 10 heures par jour, ont employé 21 jours pour creuser un fossé ayant 35 mètres de longueur. Combien 25 ouvriers, travaillant 12 heures par jour, emploieront-ils de jours à creuser un fossé ayant 50 mètres de longueur?*

Dans cette question, et dans toutes celles du même genre, les circonstances dont il n'est pas fait mention sont supposées identiques dans les deux *périodes* dont l'énoncé se compose. Ainsi, l'on admet que tous les ouvriers ont la même énergie;

ARITHMÉTIQUE.   103

que le travail exécuté en une heure est constamment le même ; que les deux terrains creusés sont de même nature, etc. Cela posé, voici la suite des raisonnements qui conduisent à la solution du problème.

1° 20 ouvriers ont employé 21 jours pour exécuter un certain ouvrage ; donc *un* ouvrier emploierait, *toutes choses égales d'ailleurs*, 20 *fois plus* de jours, c'est-à-dire (21×20)j ; et 25 ouvriers en emploieront 25 *fois moins*, ou

$$\left(\tfrac{21 \times 20}{25}\right)j = 21j \times \tfrac{20}{25}.$$

2° Des ouvriers, travaillant 10 heures par jour, ont effectué un certain ouvrage en $(21 \times \tfrac{20}{25})$j : s'ils ne travaillaient qu'*une* heure par jour, il leur faudrait, *toutes choses égales d'ailleurs*, 10 fois plus de jours pour faire cet ouvrage ; et, s'ils travaillent 12 heures par jour, il leur faudra 12 *fois moins* de jours. Conséquemment, les 25 ouvriers, travaillant 12 heures par jour, emploieront, pour creuser un fossé de 35 mètres de longueur, un nombre de jours égal à

$$21 \times \tfrac{20}{25} \times \tfrac{10}{12}.$$

3° Pour creuser ce fossé de 35 mètres de longueur, il a fallu $(21 \times \tfrac{20}{25} \times \tfrac{10}{12})$j. Si le fossé n'avait qu'*un* mètre de longueur, il faudrait 35 *fois moins* de jours ; et, s'il a 50 mètres, il en faudra 50 *fois plus*. La valeur de l'inconnue est donc

$$xj = 21j \times \tfrac{20}{25} \times \tfrac{10}{12} \times \tfrac{50}{35} = 20 \text{ jours}.$$

231. Pour conclure, de cette valeur, la règle générale cherchée, remarquons d'abord que, d'après l'énoncé, le nombre de jours inconnu est *directement proportionnel* à la longueur du fossé, et *inversement proportionnel*, soit au nombre des ouvriers, soit à la durée de la journée de travail. Remarquons, en second lieu, que la valeur de l'inconnue donne

$$\frac{x}{21} = \frac{\tfrac{50}{35}}{\tfrac{25}{20} \times \tfrac{12}{10}};$$

et nous pourrons énoncer le théorème suivant :

232. **Théorème.** — *Si, parmi les données d'un problème, les unes sont directement proportionnelles à l'inconnue, et les autres inversement proportionnelles à cette grandeur ; si, de plus, parmi*

ces mêmes données, celles d'une première série se rapportent à l'inconnue, tandis que celles d'une seconde série, homogènes avec les premières, se rapportent à une grandeur donnée, homogène avec l'inconnue; le rapport entre l'inconnue et son homogène sera égal au produit des rapports entre les grandeurs directement proportionnelles, divisé par le produit des rapports entre les autres grandeurs *.

233. Voici une application de cette règle :

36 ouvriers, travaillant 10 heures par jour, ont creusé, en 25 jours, un fossé de 60 mètres de longueur, de 3 mètres de largeur et de 4 mètres de profondeur. Combien faudra-t-il d'ouvriers, travaillant 12 heures par jour, pour creuser, en 18 jours, un fossé de 75 mètres de longueur, de $2^m,5$ de largeur et de $3^m,2$ de profondeur ? On suppose que la dureté du premier terrain est à celle du second, comme 6 est à 7, et que la force d'un ouvrier de la première compagnie est à celle d'un ouvrier de la seconde comme 5 est à 4.

Les deux séries de grandeurs sont :

ouv.	heures.	journ.	long.	larg.	prof.	dureté.	force.
36	10	25	60	3	4	6	5
x	12	18	75	2,5	3,2	7	4
	i	i	d	d	d	d	i

Ayant placé la lettre d sous les grandeurs *directement* proportionnelles à x, et la lettre i sous les grandeurs *inversement* proportionnelles à cette inconnue, nous trouvons

$$\frac{x}{36} = \frac{\frac{75}{60} \times \frac{2,5}{3} \times \frac{3,2}{4} \times \frac{7}{6}}{\frac{12}{10} \times \frac{18}{25} \times \frac{4}{5}},$$

puis

$$x = \frac{36 \times 75 \times 2,5 \times 3,2 \times 7 \times 10 \times 25 \times 5}{60 \times 3 \times 4 \times 6 \times 12 \times 18 \times 4}$$
$$= \frac{75 \times 2,5 \times 3,2 \times 7 \times 25 \times 5}{3 \times 4 \times 12 \times 18 \times 4}$$
$$= \frac{25 \times 2,5 \times 3,2 \times 7 \times 25 \times 5}{12 \times 18}$$
$$= \frac{25 \times 7 \times 25 \times 5}{2 \times 12 \times 18} = \frac{21875}{672} = 32,5.$$

Il est facile d'*interpréter* cette *valeur fractionnaire*, obtenue pour le nombre des ouvriers : 32 ouvriers feraient un peu moins

---

* L'antécédent de chaque rapport est la grandeur qui, dans l'énoncé du problème, se rapporte à l'inconnue.

que l'ouvrage proposé, et 33 ouvriers feraient un peu plus que ce même ouvrage.

De l'intérêt simple.

234. L'*intérêt* d'une somme d'argent, ou d'un *capital,* est le bénéfice exigé par celui qui prête ce capital. Ce bénéfice est ordinairement proportionnel à la somme prêtée et au temps pendant lequel l'emprunteur possède cette somme. Il dépend enfin d'un troisième élément, appelé *taux de l'intérêt :* c'est l'intérêt de 100 fr. pour un an.

Les conditions que nous venons de définir sont celles de l'*intérêt simple* *.

235. *Formule de l'intérêt simple.* — Pour arriver à cette formule, proposons-nous, par exemple, de *calculer l'intérêt d'une somme de* 2 400 *fr., placés pendant* 3 *ans, le taux de l'intérêt étant de* 5 % (5 pour 100).

100 fr. rapportant 5 fr. d'intérêt en un an, 1 fr. rapportera 100 fois moins, c'est-à-dire $\frac{5^f}{100}$. Par suite, l'intérêt de 1 fr., pour 3 ans, sera $\frac{5 \cdot 3^f}{100}$; et l'intérêt de 2 400 fr., pour le même temps, sera $\frac{5 \cdot 3 \cdot 2\,400}{100} = \frac{2\,400 \cdot 5 \cdot 3}{100} = 360$ fr.

De ce cas particulier, on peut conclure la règle générale que voici : *Pour avoir l'intérêt, on multiplie le capital par le taux, par le temps* (exprimé en années), *et on divise* par 100.

Représentons par *a* le capital, par *r* le taux, par *t* le temps, par *i* l'intérêt, et nous aurons

$$i = \frac{art}{100}.$$

---

* Nous nous occuperons, plus loin, de l'*intérêt composé*. Quant à présent, nous ferons cette seule remarque : le *principe de l'intérêt* a, pour conséquence logique, l'*intérêt composé*. Il est évident, en effet, que si l'emprunteur ne paye pas, à la fin de la première année, l'intérêt du capital prêté, il jouit, pendant la seconde année, du capital et de l'intérêt : les choses se passent comme si le *capitaliste,* indépendamment de la somme qu'il a prêtée primitivement, avait prêté encore, à la fin de la première année, l'intérêt de cette somme. Si donc quelques personnes jugent que les placements à *intérêt composé* constituent une véritable usure, elles doivent frapper de la même réprobation l'*intérêt proportionnel au temps.*

236. Remarque. — La formule de l'intérêt simple, que nous venons de trouver, contient quatre quantités : i, a, r, t. Si l'on donne trois de ces quatre quantités, on pourra toujours déterminer la quatrième : il suffira, pour cela, de *résoudre, par rapport à cette quantité inconnue*, l'équation précédente [*].

Par exemple, si l'on demande : *A quel taux faut-il placer un capital de* 2 400 *fr., pendant* 3 *ans, pour que l'intérêt soit* 360 *fr.?* La formule donne

$$r = \frac{100 \cdot i}{at} = \frac{100 \cdot 360}{2\,400 \cdot 3} = 5.$$

Le taux cherché est donc 5 %.

De l'escompte commercial.

237. *L'escompte* d'un billet payable dans un certain temps est la perte que subit le *porteur* du billet, quand il désire être payé tout de suite.

Suivant les usages du commerce, *l'escompte est égal à l'intérêt simple de la somme marquée sur le billet, calculé d'après un certain taux*. Les questions d'escompte rentrent donc dans celles que nous venons de considérer.

238. Exemple. — *Quel est l'escompte d'un billet de* 6 800 *fr., payable dans* 10 *mois, le taux d'escompte étant de* 6 %? La formule ci-dessus donne immédiatement

$$i = \frac{6\,800 \cdot 6 \cdot \frac{10}{12}}{100} = 340 \text{ fr.}$$

La *retenue* faite par le banquier sera donc de 340 fr., en sorte que le porteur du billet recevra 6 460 fr.

239. L'escompte, tel que nous venons de le calculer, s'appelle *escompte en dehors*. Pour juger s'il est équitable, il suffit d'observer que l'escompte à 5 % d'un billet de 100 fr., payable dans 20 ans, serait précisément 100 fr. : le porteur du billet n'aurait rien à réclamer du banquier.

---

[*] Cette question très-simple permet d'entrevoir déjà l'avantage des solutions algébriques et des *formules*.

240. Cherchons quelle somme le banquier devrait remettre au porteur du billet, pour que *la perte subie par celui-ci fût égale à l'intérêt de cette somme,* et, pour fixer les idées, reprenons le même exemple.

L'intérêt de 100 fr., pour 10 mois, est $6 \cdot \dfrac{10}{12} = 5$ fr., le taux étant 6 %. Donc une somme de 100 fr. vaudra, *dans 10 mois,* $100^f + 5^f = 105^f$; et, réciproquement, *un billet de 105 fr., payable dans 10 mois, vaut 100 fr. argent comptant.* Il résulte de là que l'escompte d'un billet de 105 fr., payable dans 10 mois, serait 5 fr., l'intérêt étant à 6 %; donc l'escompte du billet de 6 800 fr. devrait être égal à

$$\frac{6\,800^f \cdot 5}{105} = 323^f,81;$$

en sorte que le banquier devrait remettre au porteur du billet $6\,800^f - 323^f,81 = 6\,476^f,19$.

Cette seconde manière de calculer l'escompte, beaucoup moins usitée que l'autre, s'appelle prendre *l'escompte en dedans.*

241. La formule générale de *l'escompte en dedans* est

$$e = \frac{art}{100 + rt},$$

a étant la somme inscrite sur le billet, t le temps (exprimé en années) et r l'intérêt de 100 fr. A cause de

$$\frac{rt}{100 + rt} < 1,$$

on aura toujours $e < a$, en sorte que *l'escompte sera toujours inférieur au montant du billet;* ce qui doit être.

Règle de société.

242. On a souvent besoin de *partager une grandeur en parties proportionnelles à des nombres donnés.* Chacune de ces parties est donnée par une formule générale, constituant ce que l'on appelait autrefois la *règle de société.* Pour trouver aisément cette formule, nous considérerons d'abord un cas particulier.

243. Problème. — *Partager le nombre 96 en trois parties proportionnelles à 2, 3 et 7.* — S'il s'agissait de partager l'*unité* en trois parties proportionnelles aux nombres donnés, il suffirait, évidemment, de *diviser* cette unité en $2+3+7$ parties égales, et d'en prendre d'abord 2, puis 3, puis 7 : on obtiendrait ainsi $\frac{2}{12}$, $\frac{3}{12}$ et $\frac{7}{12}$.

Si donc, au lieu du nombre 1, on veut partager le nombre 96, les trois parts cherchées seront

$$\frac{2}{12} \cdot 96, \quad \frac{3}{12} \cdot 96, \quad \frac{7}{12} \cdot 96,$$

ou

$$16, \quad 24, \quad 56.$$

244. Supposons à présent, d'une manière générale, qu'il s'agisse de partager un nombre a en parties proportionnelles à $n, n', n'',\ldots$ Nous aurons, en représentant par $x, x', x'',\ldots$ les nombres cherchés, et par s la somme $n + n' + n'' + \ldots$,

$$x = a\frac{n}{s}, \quad x' = a\frac{n'}{s}, \quad x'' = a\frac{n''}{s},\ldots$$

245. Problème. — *Trois associés ont placé dans une entreprise, le premier, 8 000 fr. pendant 10 mois; le deuxième, 12 000 fr. pendant 6 mois; le troisième, 5 000 fr. pendant 13 mois. Le bénéfice s'est élevé à 17 360 fr. On demande comment il doit être réparti entre les associés.*

On admet que 8 000 fr., placés pendant 10 mois, équivalent à $(8000 \cdot 10)^f$ placés pendant un mois. Cela étant, il est clair qu'il faut, pour résoudre la question, partager 17 360 fr. en trois parties proportionnelles à $8\,000 \cdot 10$, $12\,000 \cdot 6$, $5\,000 \cdot 13$, c'est-à-dire proportionnelles à 80 000, 72 000 et 65 000. La somme de ces trois nombres est 217 000 : donc, par la formule ci-dessus, les parts demandées seront

$$x = 17\,360^f \cdot \frac{80}{217} = 80^f \cdot 80 = 6\,400^f,$$

$$x' = 17\,360^f \cdot \frac{72}{217} = 80^f \cdot 72 = 5\,760^f,$$

$$x'' = 17\,360^f \cdot \frac{65}{217} = 80^f \cdot 65 = 5\,200^f.$$

246. Plus généralement, soient m, m', m'', les *mises* de divers associés; soient t, t', t'',... les temps pendant lesquels ces mises sont restées dans l'association; et soit b le bénéfice total : les parts des associés seront

$$x = b\frac{mt}{s}, \quad x' = b\frac{m't'}{s}, \quad x'' = b\frac{m''t''}{s}, \dots$$

Dans ces formules, s représente la somme des produits mt, $m't'$, $m''t''$,....

247. Problème. — *Un oncle ordonne, par son testament, que son héritage sera partagé entre ses trois neveux, en raison inverse de leurs âges. L'héritage est de 60 000 fr., les âges sont 12 ans, 18 ans et 30 ans. Quelles sont les parts des trois héritiers ?*

Pour satisfaire à la volonté du testateur, il suffit de partager l'héritage *en parties proportionnelles aux inverses des âges*, c'est-à-dire en parties proportionnelles aux nombres $\frac{1}{12}$, $\frac{1}{18}$ et $\frac{1}{30}$. Comme le rapport de deux nombres ne change pas quand on les multiplie par un même facteur [132], nous remplacerons les fractions

$$\frac{1}{12}, \quad \frac{1}{18}, \quad \frac{1}{30}$$

par les nombres entiers que l'on obtient en les multipliant par le plus petit multiple des dénominateurs 12, 18 et 30. De cette manière, nous aurons à partager 60 000 fr. en trois parts proportionnelles à 15, 10 et 6.

En appliquant la formule, on trouve, pour ces trois parts,

$$29\,032^f,26, \qquad 19\,354^f,84, \qquad 11\,612^f,90.$$

Résumé.

Dans un grand nombre de problèmes, l'inconnue est égale à une grandeur donnée, homogène avec l'inconnue, multipliée par une série de rapports. Ces problèmes, autrefois appelés *règles de trois*, peuvent aisément être résolus par une méthode connue sous le nom de réduction à l'unité.

Si, parmi les données d'un problème, les unes sont directement proportionnelles à l'inconnue, et les autres inversement proportionnelles à cette grandeur; si, de plus, parmi ces mêmes données, celles d'une

1. *Arithmétique.*

première série se rapportent à l'inconnue, tandis que celles d'une seconde série, homogènes avec les premières, se rapportent à une grandeur donnée, homogène avec l'inconnue ; le rapport entre l'inconnue et son homogène est égal au produit des rapports entre les grandeurs directement proportionnelles, divisé par le produit des rapports entre les autres grandeurs.

L'*intérêt* d'une somme d'argent, ou d'un *capital*, est le bénéfice exigé par celui qui prête ce capital. Ce bénéfice est ordinairement proportionnel à la somme prêtée et au temps pendant lequel l'emprunteur possède cette somme. Il dépend enfin d'un troisième élément appelé *taux de l'intérêt* : c'est l'intérêt de 100 francs par an.

Pour avoir l'intérêt, on multiplie le capital par le taux, par le temps (exprimé en années), et on divise par 100.

L'*escompte* d'un billet payable dans un certain temps est la perte que subit le *porteur* du billet, quand il désire être payé tout de suite.

Suivant les usages du commerce, l'escompte est égal à l'intérêt simple de la somme marquée sur le billet, calculé d'après un certain taux. Les questions d'escompte rentrent donc dans celles de l'intérêt simple.

On a souvent besoin de partager un nombre a en parties proportionnelles à des nombres donnés n, n', n'',... Ces parties sont données par des formules, constituant ce que l'on appelait autrefois *règle de société*.

ALGÈBRE.

CHAPITRE I.

Notions préliminaires (1-12). Opérations algébriques (13-51).

Notions préliminaires.

1. On a vu, dans l'*Arithmétique*, qu'il est avantageux, soit pour abréger les démonstrations, soit pour généraliser les conclusions déduites de données particulières, de remplacer les nombres par des *lettres*, et d'indiquer, par des *signes*, les opérations à effectuer. L'ensemble de ces *lettres* et de ces *signes* constitue la *notation algébrique*.

2. On appelle *quantité algébrique* ou *quantité littérale* toute expression dans laquelle des lettres représentent des nombres*; ces lettres étant isolées, ou *combinées par les signes des opérations* : a, $a+b$, ab, $\dfrac{b}{c}$, $\sqrt[3]{a} - \sqrt[2]{b}$, etc., sont des quantités algébriques**.

3. Une *formule* est une *équation* dont le *premier membre* est l'*inconnue* d'un problème, et dont le second membre est une quantité algébrique, formée seulement des *données* du problème. Par exemple,

$$x = a - \frac{b}{3} + \sqrt{c}$$

est une formule.

Elle fait voir que, pour calculer l'inconnue x, on devra, quand a, b, c seront *donnés en nombres*, retrancher du nombre a le tiers du nombre b, et ajouter, au résultat de la soustraction, la racine carrée du nombre c. *Calculer* ainsi *la valeur numérique*

---

* Cette définition sera complétée plus loin.
** $a = b$ n'est pas une quantité, mais c'est l'expression de l'égalité entre les deux quantités a, b. La même remarque s'applique aux *inégalités* $a > b$, $b < a$.

ALGÈBRE.

de *l'inconnue qui répond à de certaines valeurs numériques des données, est ce qu'on appelle* RÉDUIRE LA FORMULE EN NOMBRES.

4. L'ALGÈBRE *est la science des formules, des équations et des inégalités**.

5. Nous rappellerons que les *signes algébriques* sont les suivants :

$+$	, qui s'énonce	*plus* ;
$-$	, ...	*moins* ;
$\times$ ou $.$	, ...	*multiplié par* ;
$:$ ou $-$	, ...	*divisé par* ;
$\sqrt[m]{}$	, ...	*racine* m^e *de* ;
$=$	, ...	*égale* ;
$>$	, ...	*plus grand que* ;
$<$	, ...	*plus petit que* ;

6. Ajoutons que :

1° Pour indiquer la multiplication de a par b, on se contente d'écrire ab ;

2° Le produit de m facteurs égaux à b se représente par l'expression b^m, que l'on énonce b *puissance* m, et dans laquelle m est l'*exposant de la puissance* ;

3° La *parenthèse* ( ) signifie que tout ce qu'elle renferme doit être considéré comme une seule quantité. Ainsi, au moyen de l'expression

$$(a + b - c) \times (a^2 - b^2 + c^2),$$

on est averti qu'après avoir effectué les opérations indiquées par
$$a + b - c,$$
et par
$$a^2 - b^2 + c^2,$$

---

* Il nous semble que cette définition, malgré sa concision, donne une idée assez exacte du but de l'Algèbre. On objectera peut-être qu'elle laisse de côté les *opérations algébriques*, la *division des polynômes*, par exemple ; mais il est clair que, si l'on veut effectuer la division de $a^3 - b^3$ par $a - b$, on peut toujours supposer que cette division a pour objet de *simplifier la formule* $x = \dfrac{a^3 - b^3}{a - b}$, et de la réduire à $x = a^2 + ab + b^2$.

ALGÈBRE.

on devra multiplier le résultat du premier calcul par le résultat du second.

7. Un *coefficient* est un multiplicateur numérique, que l'on place habituellement à la gauche de la quantité multipliée : dans l'expression 3 *ab*, qui équivaut à 3 *fois ab*, 3 est le coefficient de *ab*.

8. Une expression qui ne renferme aucun des signes $+$, $-$, $=$, $>$, $<$, est un *monôme* : a, b^2, $3\,ab^2c$, sont des monômes. Plusieurs monômes, ajoutés ou retranchés, forment un *polynôme*, dont ils sont les *termes*. Suivant qu'un polynôme contient deux, trois, quatre termes, il prend les noms de *binôme*, *trinôme*, *quatrinôme*, *etc*. Les termes d'un polynôme sont dits *additifs* ou *soustractifs*, selon qu'ils sont affectés du signe $+$ ou du signe $-$.

9. Deux termes *semblables* sont ceux qui diffèrent seulement par leurs coefficients.

10. Une quantité est dite *rationnelle* quand elle ne renferme aucun *radical*. Quand elle en renferme, elle est *irrationnelle*.

11. Une quantité rationnelle est *entière*, lorsqu'elle ne contient l'indication d'aucune division. Dans le cas contraire, elle est *fractionnaire*. On appelle souvent *polynôme entier*, celui qui contient des coefficients *fractionnaires*, mais qui est entier par rapport aux *lettres*.

12. **Problème.** — *Réduire en nombres une formule donnée.* — Un seul exemple suffira pour faire comprendre l'utilité de cette question.

Soit la formule

$$x = \frac{[(a+b)(b+c) - b^2][(b+c)(c+a) - c^2]}{\frac{2}{3}(a^2 + b^2 + c^2)^2}.$$

Si nous *faisons* $a = 5$, $b = 3$, $c = 2$, nous aurons, pour *valeur particulière* de x,

$$\frac{(8 \cdot 5 - 9)(5 \cdot 7 - 4)}{\frac{2}{3}(25 + 9 + 4)^2} = \frac{31 \cdot 31}{\frac{2}{3}(38)^2} = \frac{3}{2}\left(\frac{31}{38}\right)^2 = \frac{3}{2}\frac{961}{1444} = \frac{2883}{2888}.$$

ALGÈBRE.

Opérations algébriques.

13. Avant de parler de ces opérations, nous ferons observer qu'elles ne peuvent jamais être complétement effectuées, tant que l'on n'a pas remplacé les lettres par des nombres ; elles se réduisent donc à des *indications*, ou, tout au plus, à des *simplifications*.

Addition.

14. **Addition des monômes.** — D'après ce qui vient d'être dit, ajouter plusieurs monômes, *c'est en indiquer l'addition*. Ainsi, pour ajouter $2\,ab^2$, $3\,a^2b$ et $5\,b^3$, on ne peut faire autre chose qu'écrire : $2\,ab^2 + 3\,a^2b + 5\,b^3$.

15. Cependant, si les monômes sont semblables, on les *réduit en un seul, dont le coefficient est égal à la somme de leurs coefficients*. Il est clair, en effet, que

$$2\,a + 3\,a = 5\,a\,;$$

que

$$2\,ab^2 + 3\,ab^2 + 7\,ab^2 = 12\,ab^2\,;$$

etc.

16. **Remarque.** — Dans le dernier exemple, si l'on remplaçait les lettres a et b par des nombres, la *valeur numérique* du monôme $12\,ab^2$ serait égale à la somme des valeurs numériques des monômes $2\,ab^2$, $3\,ab^2$ et $7\,ab^2$, et cela, quels que fussent ces nombres. C'est pour cette raison que le premier monôme est appelé *la somme* des monômes donnés. Toutes les opérations algébriques doivent être entendues ainsi ; de sorte que nous pouvons énoncer ce principe général : *Le résultat de toute opération algébrique est une expression telle que, si l'on y remplace les lettres par des nombres quelconques, la valeur numérique de ce résultat est égale au résultat des opérations indiquées, effectuées sur les valeurs numériques des données.*

17. **Addition des polynômes.** — Proposons-nous d'abord d'ajouter $a - b$ avec $c - d$, a, b, c, d représentant des nombres tels, que l'on ait $a > b$, $c > d$.

Si, à la différence $a - b$, nous ajoutons c, nous obtiendrons, pour somme, $a - b + c$. Mais cette somme sera trop grande

ALGÈBRE.

de la quantité d, car nous devions ajouter seulement $c-d$. Donc
$$(a-b)+(c-d) = a-b+c-d. \qquad (1)$$

48. Si les lettres a, b, c, d représentent des quantités* positives ou négatives ne satisfaisant pas aux conditions énoncées ci-dessus, on ne sait plus quel sens on doit attacher au mot *somme*. Pour le définir, nous emploierons l'équation (1), et nous dirons que l'*on appelle somme des binômes* $a-b$, $c-d$, *le polynôme* $a-b+c-d$. Cette *définition* est d'accord, évidemment, avec la remarque générale faite plus haut.

49. Prenons à présent deux polynômes quelconques :
$$P = 3a^3 + 5a^2b - 4ab^2 - 6b^3,$$
$$P' = 2a^3 - 4a^2b + 4ab^2 + 7b^3.$$

Si nous supposons les lettres a, b remplacées par des nombres sur lesquels on puisse *effectuer les opérations indiquées*, nous *poserons*
$$A = 3a^3 + 5a^2b, \qquad B = 4ab^2 + 6b^3,$$
$$C = 2a^3 + 4ab^2 + 7b^3, \qquad D = 4a^2b,$$

et nous aurons
$$P = A - B, \quad P' = C - D;$$

d'où, par un raisonnement très-simple, semblable à celui qui a été employé tout à l'heure,
$$P + P' = A - B + C - D$$
$$= 3a^3 + 5a^2b - 4ab^2 - 6b^3 + 2a^3 + 4ab^2 + 7b^3 - 4a^2b = S.$$

Si, au contraire, les lettres a, b sont remplacées par des quantités quelconques, positives ou négatives, qui ne permettent pas d'effectuer les opérations indiquées par $A-B$, $C-D$, nous appellerons *somme des polynômes* P, P', le polynôme S *obtenu en écrivant le polynôme* P' *à la suite du polynôme* P.

---

* Nous pensons qu'il serait utile d'établir, *a priori*, la *théorie des quantités négatives*. Pour abréger, nous nous contenterons de dire qu'*une quantité est un nombre pris positivement ou négativement*, c'est-à-dire précédé du signe $+$ ou du signe $-$: la *quantité est positive* dans le premier cas, *négative* dans le second. *Un nombre qui n'est accompagné d'aucun signe est supposé précédé du signe* $+$.

ALGÈBRE.

20. Remarques. — 1° Cette *définition* renferme la *règle générale de l'addition des polynômes.*

2° Dans l'application de cette règle, on doit, comme il a été dit ci-dessus, sous-entendre qu'*un terme qui n'est précédé d'aucun signe est affecté du signe* $+$.

3° La somme S étant obtenue, on peut *réduire les termes semblables* qu'elle contient.

Dans l'exemple précédent,

$$S = 5a^3 + a^2b + a^3.$$

4° Tout ce qui précède suppose cette proposition : *Quand on intervertit l'ordre des termes d'un polynôme, on n'en change pas la valeur* (Arithm., 26, 3°).

21. Application. — *Trouver la somme* S *des polynômes suivants* :

$$\begin{array}{l} A = -8a^4 + 2a^3b - 2a^2b^2 + 11ab^3 + 7b^4, \\ B = 2a^4 + 7ab^3 - 5a^2b^2 - 20ab^3 + 10b^4, \\ C = 13a^4 - 9a^3b + 2a^2b^2 + 4ab^3 - 17b^4. \\ \hline S = 7a^4   - 5a^2b^2 - 5ab^3. \end{array}$$

On voit qu'au lieu d'écrire les polynômes les uns à la suite des autres, il vaut mieux disposer le calcul comme on le fait pour une addition de nombres entiers. On obtient ainsi, à cause des réductions et des *destructions* de termes,

$$S = 7a^4 - 5a^2b^2 - 5ab^3.$$

Soustraction.

22. La soustraction des monômes et celle des polynômes sont comprises, aussi bien que la soustraction des fractions, dans la définition suivante, donnée à l'occasion des nombres entiers [Arithm., 30] :

La soustraction est une opération par laquelle, connaissant une somme et l'une de ses deux parties, on détermine l'autre partie.

23. De cette définition et des théorèmes sur l'addition algébrique, on conclut immédiatement la règle suivante :

Pour retrancher d'un polynôme P *un polynôme* P', *on écrit le* second polynôme à la suite du premier, en changeant les signes de tous les termes du second polynôme.

24. Exemple. — Soient

$$P = 7a^3 + 8a^2b - 4ab^2 + 4b^3,$$
$$P' = -4a^3 + 2a^2b - 4ab^2 + 5b^3.$$

Désignons par R le *reste*, c'est-à-dire le polynôme qui, ajouté à P', reproduirait P ; nous aurons

$$R = 7a^3 + 8a^2b - 4ab^2 + 4b^3 + 4a^3 - 2a^2b + 4ab^2 - 5b^3,$$

ou

$$R = 11a^3 + 6a^2b - b^3.$$

Il est clair, en effet, que

$$R+P' = 7a^3+8a^2b-4ab^2+4b^3+4a^3-2a^2b+4ab^2-5b^3+P'=P.$$

25. Remarque. — Ce qui a été dit ci-dessus [20], sur la manière d'effectuer l'addition des polynômes, s'applique également à la soustraction.

Addition et soustraction des monômes positifs ou négatifs.

26. Reprenons l'égalité

$$(a-b)+(c-d) = a-b+c-d. \qquad (1)$$

Le second membre, *ajouté* à $b+d$, donnerait $a+c$; donc

$$(a+c)-(b+d) = a-b+c-d. \qquad (2)$$

Indépendamment de ces deux formes du premier membre, on peut encore adopter les formes suivantes, qui ne changent pas le second membre :

$$(a-b)-(d-c) = a-b+c-d, \qquad (3)$$
$$(a-d)+(c-b) = a-b+c-d, \qquad (4)$$
$$(a-d)-(b-c) = a-b+c-d, \qquad (5)$$
$$(c-d)-(b-a) = a-b+c-d, \qquad (6)$$
$$(c-b)-(d-a) = a-b+c-d. \qquad (7)$$

ALGÈBRE.

1° Actuellement, faisons $b=0$, $d=0$ dans ces diverses égalités, et nous trouverons

$$(+a)+(+c)=+(a+c), \qquad (A)$$
$$(+a)-(-c)=+(a+c); \qquad (B)$$

2° Faisons $a=0$, $c=0$: nous aurons pareillement

$$(-b)+(-d)=-(b+d), \qquad (C)$$
$$(-b)-(+d)=-(b+d); \qquad (D)$$

3° Les hypothèses $a=0$, $d=0$ donnent

$$(-b)-(-c)=+(c-b), \qquad (E)$$

ou

$$(-b)-(-c)=-(b-c), \qquad (F)$$

suivant que l'on a $c>b$ ou $b>c$,

4° Enfin, si nous supposons $b=0$, $c=0$, nous aurons

$$(+a)+(-d)=+(a-d), \qquad (G)$$
$$(+a)-(+d)=+(a-d), \qquad (H)$$

ou

$$(+a)+(-d)=-(d-a), \qquad (I)$$
$$(+a)-(+d)=-(d-a), \qquad (K)$$

selon que a sera supérieur ou inférieur à d.

27. Les égalités (A), (B),...., (I), (K) renferment tous les cas possibles de l'addition ou de la soustraction des *monômes positifs ou négatifs*. Elles se résument dans ces trois règles :

1° *Pour ajouter deux monômes de même signe, on fait la somme de leurs valeurs absolues, et on l'affecte du signe commun;*

2° *Pour ajouter deux monômes de signes contraires, on prend la différence de leurs valeurs absolues, et on lui donne le signe du monôme dont la valeur absolue est la plus grande;*

3° *Pour retrancher deux monômes, on les ajoute, après avoir changé le signe du monôme à retrancher.*

28. La valeur *absolue* d'un monôme est sa valeur, abstraction faite du signe : — 4 a pour valeur absolue le nombre 4.

ALGÈBRE.

Multiplication.

29. Multiplication des monômes entiers. — Soit à multiplier $3a^4b^2c$ par $5abc^3d^2$: il s'agit [16] d'obtenir *une expression dont la valeur numérique soit égale au produit des valeurs numériques des deux facteurs*, lorsque a, b, c, d seront remplacés par des nombres quelconques. Opérons donc comme si cette substitution avait été faite, et nous aurons d'abord, en appelant P le *produit* cherché,

$$P = 3a^4b^2c \times 5abc^3d^2$$
$$= [3.(a.a.a.a).(b.b).c] [5.a.b.(c.c.c).(d.d)].$$

Pour multiplier un nombre par un produit, on peut multiplier ce nombre par le premier facteur, etc. [*Arithm.*, 42]; donc

$$P = 3.a.a.a.a.b.b.c.5.a.b.c.c.c.d.d;$$

ou, en intervertissant l'ordre des facteurs,

$$P = 3.5.a.a.a.a.a.b.b.b.c.c.c.c.d.d.$$

La *réciproque* du théorème énoncé tout à l'heure donne ensuite

$$P = 15a^5b^3c^4d^2.$$

Donc enfin,

$$3a^4b^2c \times 5abc^3d^2 = 15a^5b^3c^4d^2.$$

Ce résultat conduit à la règle suivante :
Pour multiplier l'un par l'autre deux monômes entiers, on fait le produit de leurs coefficients, et on écrit, à sa suite, toutes les lettres qui entrent dans les deux monômes, en donnant à chacune d'elles un exposant égal à la somme de ses exposants.

30. Multiplication des monômes fractionnaires. — En supposant toujours que les lettres soient remplacées par des nombres, on démontre, sans aucune difficulté, que *le produit de deux monômes fractionnaires est égal au produit des numérateurs, divisé par le produit des dénominateurs.*

Par exemple,

$$\frac{a}{b} \times \frac{c}{d} = \frac{ac}{bd}.$$

ALGÈBRE.

En effet, soient, pour fixer les idées :

$$a = \frac{2}{3}, \ b = \frac{5}{7}, \ c = \frac{4}{11}, \ d = \frac{9}{13}.$$

Il résulte, de ces valeurs :

$$\frac{a}{b} = \frac{2}{3} : \frac{5}{7} = \frac{2.7}{3.5},$$

$$\frac{c}{d} = \frac{4}{11} : \frac{9}{13} = \frac{4.13}{11.9},$$

$$ac = \frac{2.4}{3.11}, \quad bd = \frac{5.9}{7.13};$$

puis

$$\frac{a}{b} \times \frac{c}{d} = \frac{2.7.4.13}{3.5.11.9},$$

$$\frac{ac}{bd} = \frac{2.4.7.13}{3.11.5.9}.$$

Donc enfin

$$\frac{a}{b} \times \frac{c}{d} = \frac{ac}{bd}.$$

De même,

$$\frac{2\,a^4b^3c^2}{3\,e^5f^2g^3} \times \frac{6\,a^3e^4g^2}{7\,b^2c^5f^a} = \frac{12\,a^7b^5c^2e^4g^2}{21\,b^2c^5e^5f^6g^3}.$$

31. Remarque. — On peut *simplifier* une *fraction littérale*, comme on simplifie une *fraction numérique*, c'est-à-dire que l'on peut supprimer les facteurs communs à ses deux termes. Le dernier produit devient, étant simplifié,

$$\frac{4\,a^7b}{7\,cef^6g}$$

donc

$$\frac{2\,a^4b^3c^2}{3\,e^5f^2g^3} \times \frac{6\,a^3e^4g^2}{7\,b^2c^5f^a} = \frac{4\,a^7b}{7\,cef^6g}.$$

32. Multiplication des polynômes. — Proposons-nous d'abord d'obtenir le *produit* de $a - b$, par $c - d$, a, b, c, d étant des quantités positives, satisfaisant aux conditions $a > b, c > d$.

ALGÈBRE.

Les considérations arithmétiques et la règle de la soustraction prouvent que

$$P = (a-b) \times (c-d) = (a-b)c - (a-b)d$$
$$= (ac - bc) - (ad - bd) = ac - bc - ad + bd.$$

Ce résultat donne lieu à deux importantes remarques :

1° *Le polynôme P contient tous les produits partiels obtenus en multipliant chacun des termes du multiplicande par chacun des termes du multiplicateur.*

2° *Chacun de ces produits partiels est affecté du signe + ou du signe —, suivant que les deux facteurs sont de même signe ou de signes contraires.*

33. La seconde remarque, étendue à deux facteurs polynômes quelconques, constitue la *règle des signes*.

34. Reprenons l'égalité

$$(a-b)(c-d) = ac - bc - ad + bd. \qquad (1)$$

Quelles que soient les quantités a, b, c, d, nous appellerons *produit de $a-b$ par $c-d$, l'expression $ab - ac - bc + bd$*, qui forme le second membre de cette égalité ; c'est-à-dire que *l'équation (1), démontrée dans un cas particulier, donne, dans tous les autres cas, la définition même du mot* produit.

35. Soient à présent les deux polynômes

$$M = 2a^3 + 3a^2b - 4ab^2 - 5b^3,$$
$$M' = 4a^2 + 5ab - 2b^2,$$

dont on demande le produit P.

Si nous supposons les lettres a et b remplacées par des nombres sur lesquels on puisse *effectuer les opérations indiquées*, nous poserons

$$A = 2a^3 + 3a^2b, \quad B = 4ab^2 + 5b^3,$$
$$C = 4a^2 + 5ab, \quad D = 2b^2 ;$$

et nous aurons

$$M = A - B, \quad M' = C - D,$$

d'où

$$P = AC - BC - AD + BD ;$$

Or, les polynômes A et C ayant *tous leurs termes positifs*, le produit AC est, évidemment, égal à *la somme des produits partiels obtenus en multipliant chacun des termes de A par chacun des termes de C*; donc, par la règle de la multiplication des monômes,

$$AC = 8a^5 + 12 a^4 b + 10 a^4 b + 15 a^3 b^2;$$

de même,

$$BC = 16 a^3 b^2 + 20 a^2 b^3 + 20 a^2 b^3 + 25 ab^4,$$
$$AD = 4 a^3 b^2 + 6 a^2 b^3,$$
$$BD = 8 ab^4 + 10 b^5.$$

Le produit des deux polynômes M, M' a donc pour expression

$$P = 8 a^5 + 12 a^4 b + 10 a^4 b + 15 a^3 b^2 - 16 a^3 b^2 - 20 a^2 b^3$$
$$- 20 a^2 b^3 - 25 ab^4 - 4 a^3 b^2 - 6 a^2 b^3 + 8 ab^4 + 10 b^5;$$

et il est clair que les deux remarques faites ci-dessus [32] s'appliquent à ce polynôme.

36. Si les lettres a, b ne satisfont plus aux conditions énoncées ci-dessus, nous continuerons d'appeler *produit* de M par M' le polynôme P obtenu comme il vient d'être dit.

Voici donc la règle générale de la multiplication des polynômes :

Pour obtenir le produit de deux polynômes, on multiplie chacun des termes du multiplicande par chacun des termes du multiplicateur, en appliquant la règle des signes, et l'on fait la somme de tous ces produits partiels.

37. **Remarque.** — Pour plus de simplicité, on dispose l'opération comme dans la multiplication arithmétique, avec cette différence, que l'on commence souvent par la gauche des deux facteurs.

Voici le type du calcul :

$$M = 2 a^3 + 3 a^2 b - 4 ab^2 - 5 b^3$$
$$M' = 4 a^2 + 5 ab - 2 b^2$$

$$8 a^5 + 12 a^4 b - 16 a^3 b^2 - 20 a^2 b^3$$
$$+ 10 a^4 b + 15 a^3 b^2 - 20 a^2 b^3 - 25 ab^4$$
$$- 4 a^3 b^2 - 6 a^2 b^3 + 8 ab^4 + 10 b^5$$

$$P = 8 a^5 + 22 a^4 b - 5 a^3 b^2 - 46 a^2 b^3 - 17 ab^4 + 10 b^5.$$

ALGÈBRE.

38. *Remarques sur la multiplication.* — On dit qu'un *polynôme est ordonné suivant les puissances décroissantes d'une lettre*, quand les exposants de cette lettre vont toujours en diminuant, du premier terme au dernier. Si les exposants vont en augmentant, le polynôme est ordonné suivant *les puissances croissantes de la lettre ordonnatrice*.

Le polynôme M, écrit ci-dessus, est ordonné suivant les puissances décroissantes de a. et suivant les puissances croissantes de b.

39. Un polynôme est dit *homogène*, quand tous ses termes sont de même *degré*, c'est-à-dire quand les exposants des lettres contenues dans un terme quelconque ont une somme constante : cette somme est le *degré* du terme. Les polynômes M, M′, P, considérés ci-dessus, sont homogènes et des degrés 2, 3, 5.

40. Théorème. — *Quand un produit et ses deux facteurs sont ordonnés par rapport à une même lettre, le premier et le dernier terme du produit sont égaux, respectivement, au produit des premiers termes, et au produit des derniers termes des deux facteurs.*

Pour démontrer cette propriété importante, reprenons le produit P, considéré ci-dessus. Dans chacun des produits partiels dont l'ensemble constitue le polynôme P, par exemple dans $-16\,a^3\,b^2$, l'exposant de la lettre a est égal à la somme des exposants de cette lettre dans les deux facteurs monômes $-4ab^2$ et $+4a^2$. Cette somme sera évidemment la plus grande possible quand on prendra, pour facteurs monômes, les deux premiers termes $2\,a^5$ et $4\,a^2$: le produit de ces deux premiers termes ne pourra donc se réduire avec aucun autre. C'est ce qu'il fallait démontrer.

Même démonstration pour le produit des derniers termes.

41. Théorème. — *Le nombre des termes du produit de deux polynômes est au moins égal à deux, et, au plus, égal au produit des nombres de termes des deux facteurs.*

La première partie de cette proposition est une conséquence immédiate du théorème précédent. La seconde partie devient évidente si l'on fait attention que, pour obtenir le produit de deux polynômes, on doit multiplier chacun des termes du multiplicande par chacun des termes du multiplicateur.

42. Théorème. — *Le produit de deux polynômes homogènes est un polynôme homogène dont le degré est égal à la somme des degrés des deux facteurs.*

ALGÈBRE.

D'après la règle de la multiplication des monômes, le degré de chaque produit partiel est égal à la somme des degrés des deux facteurs. Or, tous les multiplicandes sont de même degré, et il en est de même pour tous les multiplicateurs; donc, etc.

43. *Exemples de multiplication.* — Nous engageons le lecteur à vérifier les résultats suivants, qui constituent autant de théorèmes.

1° $(a+b)(a+b) = (a+b)^2 = a^2 + 2ab + b^2$ [voy. *Arithm.*, 188];

2° $(a-b)(a-b) = (a-b)^2 = a^2 - 2ab + b^2$;

3° $(a+b)(a-b) = a^2 - b^2$; c'est-à-dire que *le produit de la somme et de la différence de deux quantités égale la différence des carrés de ces quantités*;

4° $(a+b+c)(-a+b+c)(a-b+c)(a+b-c)$
$= -a^4 - b^4 - c^4 + 2a^2b^2 + 2a^2c^2 + 2b^2c^2$;

5° $(a^m + a^{m-1}b + a^{m-2}b^2 + \ldots + ab^{m-1} + b^m)(a-b)$
$= a^{m+1} - b^{m+1}$;

6° $(1+x)(1+x^2)(1+x^4)(1+x^8)(1+x^{16})(1+x^{32})$
$= 1 + x + x^2 + x^3 + x^4 + \ldots + x^{63}$;

Cette inégalité peut servir à démontrer que *tout nombre pair est égal à la somme de plusieurs puissances de 2, dont les exposants sont inégaux*;

7° $(a^2 + b^2)(a'^2 + b'^2) = (aa' - bb')^2 + (ab' + ba')^2$
$= (aa' + bb')^2 + (ab' - ba')^2$;

8° $(a^2 + b^2 + c^2)(a'^2 + b'^2 + c'^2)$
$= (aa' + bb' + cc')^2$
$+ (ab' - ba')^2$
$+ (ac' - ca')^2$
$+ (bc' - cb')^2$;

9° $(a^2 + b^2 + c^2 + d^2)(a'^2 + b'^2 + c'^2 + d'^2)$
$= (aa' + bb' + cc' + dd')^2$
$+ (ab' - ba' + cd' - dc')^2$
$+ (ac' - ca' + db' - bd')^2$
$+ (bc' - cb' + ad' - da')^2$.

Division.

44. *Division des monômes.* — Soit à diviser $15 a^7 b^8 c^5 d$ par $3 a^2 b^3 c^4$. Il s'agit de *trouver un monôme qui, multiplié par le* *diviseur, reproduise le dividende.* D'après la règle de la multiplication des monômes [29], le *quotient* cherché sera

$$\frac{15}{3} a^{7-2} \ b^{8-3} \ c^{5-4} \ d,$$

ou

$$5 \ a^5 b^5 \ cd.$$

Ainsi, *pour diviser l'un par l'autre deux monômes entiers, on divise le coefficient du dividende par le coefficient du diviseur, et l'on écrit ensuite toutes les lettres qui entrent, soit dans les deux monômes, soit dans le dividende seulement, en donnant à chacune d'elles un exposant égal à l'excès de son exposant dans le dividende sur son exposant dans le diviseur.*

45. Cette règle peut être inapplicable, parce qu'il n'existe pas toujours *un monôme entier qui, multiplié par le diviseur, reproduise le dividende.* On peut la remplacer par la règle générale suivante :

Pour diviser un monôme par un monôme, on met le quotient sous la forme d'une fraction ayant pour numérateur le dividende et pour dénominateur le diviseur ; puis, s'il y a lieu, on simplifie cette fraction.

Par exemple,

$$15 \ a^4 b^3 c^2 : 3 \ a^2 bc^3 d = \frac{15 \ a^4 b^3 c^2}{3 \ a^2 bc^3 d} = \frac{5 \ a^2 b^2}{cd}.$$

46. Division des polynômes. — Le cadre dans lequel nous avons dû nous renfermer ne nous permet pas de développer, d'une manière complète, l'importante théorie de la division des polynômes. Nous indiquerons seulement, sur un exemple particulier, la suite des opérations au moyen desquelles on peut calculer le quotient de deux polynômes entiers, *quand ce quotient existe.* Afin d'éviter toute ambiguïté, nous appellerons quotient *un polynôme entier qui, multiplié par le diviseur, reproduirait le dividende.*

Cela posé, soit à diviser le polynôme

$$A = -5a^3 b^2 + 10 b^5 + 22 a^4 b - 46 a^2 b^3 + 8 a^5 - 17 ab^4$$

par le polynôme

$$B = 3 \ a^2 b - 5 \ b^3 - 4 \ ab^2 + 2 \ a^3.$$

Désignons par Q le quotient : la suite des calculs nous apprendra si ce quotient existe. Si les polynômes A, B et Q

126 ALGÈBRE.

étaient ordonnés par rapport aux puissances descendantes de a, le premier terme de A serait égal au produit des deux premiers termes des deux facteurs [40]. *Il y a donc avantage à ordonner le dividende et le diviseur, suivant les puissances descendantes ou suivant les puissances ascendantes d'une lettre.* En outre, on dispose le calcul comme dans la division arithmétique, de cette manière :

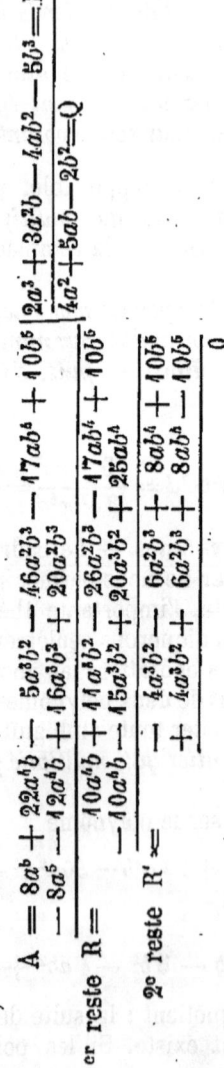

$$A = 8a^6 + 22a^5b - 5a^3b^2 - 16a^2b^3 - 17ab^4 + 10b^6 \;\Big|\; 2a^3 + 3a^2b - 4ab^2 - 5b^3 = B$$
$$-8a^6 - 12a^5b + 16a^3b^2 + 20a^2b^3 \;\Big|\; 4a^2 + 5ab - 2b^2 = Q$$

$$1^{\text{er}} \text{ reste } R = 10a^5b + 11a^4b^2 - 26a^2b^3 - 17ab^4 + 10b^6$$
$$-10a^5b - 15a^3b^2 + 20a^3b^2 + 25ab^4$$

$$2^{\text{e}} \text{ reste } R' = -4a^3b^2 + 6a^2b^3 + 8ab^4 + 10b^6$$
$$+ 4a^3b^2 + 6a^2b^3 - 8ab^4 - 10b^6$$
$$ 0$$

ALGÈBRE. 127

D'après le théorème qui vient d'être rappelé, le premier terme du quotient est égal à $\dfrac{8a^5}{2a^3}$; ce premier terme est donc $4a^2$ (toujours en supposant qu'il y ait un quotient).

Multiplions le diviseur B par $4a^2$, et retranchons de A le produit $8a^5 + 12a^4b - 16a^3b^2 - 20a^2b^4$: le reste R sera égal au produit de B par l'ensemble des autres termes du polynôme cherché Q.

On peut, évidemment, raisonner sur R comme on a raisonné sur A ; et, en divisant le monôme $10a^4b$, premier terme de R, par $2a^3$, premier terme de B, on trouve le deuxième terme du quotient, etc. En continuant ainsi, on arrive à un dernier reste nul ; donc $A = BQ$; donc le polynôme Q est le quotient demandé.

47. Division impossible. — On dit qu'une division est *impossible*, lorsque *le calcul, prolongé aussi loin qu'on le voudra, ne donne jamais un reste nul*. Cela posé, si le dividende et le diviseur sont ordonnés suivant les puissances décroissantes d'une lettre, *tous les caractères d'impossibilité* sont des corollaires de la proposition suivante, dont nous ne donnons pas la démonstration, parce qu'elle suppose des théories qui ne sont pas comprises dans le Programme.

48. Théorème. — *Les termes du dividende étant entiers et les termes du diviseur étant entiers et premiers entre eux, la division est impossible, si le premier terme d'un dividende partiel quelconque n'est pas exactement divisible par le premier terme du diviseur.*

Voici une application de ce théorème :

Soit à diviser

$$12x^7 + 10x^6 - 7x^5 + 8x^4 + 4x^3 + 2x - 1$$

par

$$2x^4 + 3x^2 - 5x + 1 :$$

128 ALGÈBRE.

$$\begin{array}{r|l}
12x^7 + 10x^6 - 7x^5 + 8x^4 + 4x^3 + 2x - 1 & 2x^4 - 1 \\
-12   - 18x^3 + 6   & 6x^3 + 5x^2 \\ \hline
 10x^6 - 25x^5 + 38x^4 + 2x^3 + 2x - 1 & \\
 -10 + 15x^4 - 5x^2 & \\ \hline
 -25x^5 + 23x^4 + 2x^3 - 5x^2 + 2x - 1 &
\end{array}$$

Le troisième dividende partiel est $-25x^5 + 23x^4 + \ldots$; le premier terme, divisé par $2x^4$, donnerait le quotient *fractionnaire* $-\dfrac{25}{2}x$: la division est impossible.

ALGÈBRE.

49. Remarque. — Si les termes du diviseur n'étaient pas premiers entre eux, on ne pourrait rien conclure de l'introduction d'un terme fractionnaire dans le quotient obtenu. En effet, si l'on divise

$$96x^6 - 84x^5 - 22x^4 + 14x^3 - 46x^2 + 21x + 21$$

par

$$48x^4 - 24x^3 - 24x^2,$$

on trouve, pour quotient, le polynôme fractionnaire

$$2x^2 - \frac{3}{4}x + \frac{1}{6} - \frac{7}{8x^2},$$

et 0 pour reste.

50. Divisibilité d'un polynôme par un binôme. — *Le reste de la division d'un polynôme* X, *entier par rapport à* x, *par le diviseur* x — a, *s'obtient en remplaçant, dans ce polynôme,* x *par* a.

Concevons que la division soit continuée jusqu'à ce que l'on arrive à un reste indépendant de x; désignons par R ce reste, et par Q le quotient. Nous aurons

$$X = Q(x-a) + R.$$

Dans cette relation, qui doit avoir lieu quel que soit x, remplaçons x par a : le produit $Q(x-a)$ s'annulera, car le facteur $x-a$ se réduit à zéro pour $x=a$, et l'autre facteur est *fini**; le reste R n'aura pas changé : donc, en désignant par X_a ce que devient X après la substitution, nous aurons

$$X_a = R.$$

C'est ce qu'il fallait démontrer.

51. Remarque. — Ce théorème a une foule de conséquences. On en déduit, par exemple, les propriétés suivantes :

1° *La différence* $x^m - a^m$ *des puissances semblables de deux quantités est toujours divisible par la différence* x — a *de ces quantités;*

___
* Nous admettons que $0 \cdot m = 0$, m étant une quantité *finie* ou *nulle*.

2° *La somme* $x^m + a^m$ *des puissances semblables de deux quantités est divisible par la somme* $x + a$ *de ces quantités, quand l'exposant* m *est impair;*

3° *La différence* $x^m - a^m$ *des puissances semblables de deux quantités est divisible par la somme* $x + a$ *de ces quantités, quand l'exposant* m *est pair.*

Résumé.

On appelle *quantité algébrique* ou *quantité littérale* toute expression dans laquelle des lettres représentent des nombres.

Une *formule* est une *équation* dont le *premier membre* est l'inconnue d'un problème, et dont le second membre est une quantité algébrique, formée seulement des *données* du problème.

Un *coefficient* est un multiplicateur numérique, que l'on place habituellement à la gauche de la quantité multipliée.

Une expression qui ne renferme aucun des signes $+, -, =, >, <$, est un *monôme*. Plusieurs monômes, ajoutés ou retranchés, forment un *polynôme*, dont ils sont les *termes*. Suivant qu'un polynôme contient deux, trois, quatre termes, il prend les noms de *binôme*, *trinôme*, *quatrinôme*, etc.

Deux termes *semblables* sont ceux qui diffèrent seulement par leurs coefficients.

Une quantité est dite *rationnelle* quand elle ne renferme aucun *radical*. Quand elle en renferme, elle est *irrationnelle*.

Une quantité rationnelle est *entière*, lorsqu'elle ne contient l'indication d'aucune division. Dans le cas contraire, elle est *fractionnaire*.

Ajouter plusieurs monômes, c'est indiquer leur addition.

Si les monômes sont semblables, on les réduit en un seul, dont le coefficient est égal à la somme de leurs coefficients.

Le résultat de toute opération algébrique est une expression telle que, si l'on y remplace les lettres par des nombres quelconques, la valeur numérique de ce résultat est égale au résultat des opérations indiquées, effectuées sur les valeurs numériques des données.

En général, on appelle somme de deux polynômes P, P', le polynôme S obtenu en écrivant le polynôme P' à la suite du polynôme P.

Cette définition renferme la règle générale de l'addition des polynômes.

Dans l'application, on doit sous-entendre qu'un terme qui n'est précédé d'aucun signe est affecté du signe $+$.

Pour retrancher d'un polynôme P un polynôme P', on écrit le second polynôme à la suite du premier, en changeant les signes de tous les termes du second polynôme.

ALGÈBRE.

Pour ajouter deux monômes de même signe, on cherche la somme de leurs valeurs absolues, et on l'affecte du signe commun.

Pour ajouter deux monômes de signes contraires, on cherche la différence de leurs valeurs absolues, et on lui donne le signe du monôme dont la valeur absolue est la plus grande.

Pour retrancher deux monômes, on les ajoute, après avoir changé le signe du monôme à retrancher.

Pour multiplier l'un par l'autre deux monômes entiers, on fait le produit de leurs coefficients, et on écrit, à sa suite, toutes les lettres qui entrent dans les deux monômes, en donnant, à chacune d'elles, un exposant égal à la somme de ses exposants.

Le produit de deux monômes fractionnaires est égal au produit de leurs numérateurs, divisé par le produit de leurs dénominateurs.

On peut simplifier une fraction littérale, comme on simplifie une fraction numérique, c'est-à-dire que l'on peut supprimer les facteurs communs à ses deux termes.

La multiplication des polynômes est fondée sur l'égalité

$$P = (a-b) \times (c-d) = ac - bc - ad + bd.$$

Le polynôme P contient tous les produits partiels obtenus en multipliant chacun des termes du multiplicande par chacun des termes du multiplicateur.

Chacun de ces produits partiels est affecté du signe $+$ ou du signe $-$, suivant que les deux facteurs sont de même signe ou de signes contraires. Cette remarque, étendue à deux facteurs polynômes quelconques, constitue la *règle des signes*.

Pour obtenir le produit de deux polynômes, on multiplie chacun des termes du multiplicande par chacun des termes du multiplicateur, en appliquant la règle des signes, et on fait la somme de tous ces produits partiels.

Pour diviser un monôme par un monôme, on met le quotient sous la forme d'une fraction ayant pour numérateur le dividende et pour dénominateur le diviseur; puis, s'il y a lieu, on simplifie cette fraction.

Pour la division des polynômes, après avoir ordonné le dividende et le diviseur suivant les puissances décroissantes d'une même lettre, on divise le premier terme du dividende par le premier terme du diviseur; on a ainsi le premier terme du quotient (en supposant que ce quotient existe); on retranche, du dividende, le produit du diviseur par ce premier terme du quotient; on divise le premier terme du reste (après qu'il a été ordonné) par le premier terme du diviseur, etc. On continue ainsi jusqu'à ce que l'on arrive à un reste nul ou à un reste de degré moindre que le degré du diviseur : le polynôme obtenu est le quotient exact ou le quotient entier.

Si le dividende et le diviseur sont ordonnés suivant les puissances décroissantes d'une lettre, tous les caractères d'impossibilité sont renfermés dans la proposition suivante : Les termes du dividende étant entiers, et les termes du diviseur étant entiers et premiers entre eux, la division est impossible, si le premier terme d'un dividende partiel quelconque n'est pas exactement divisible par le premier terme du diviseur.

Le reste de la division d'un polynôme X entier par rapport à x, par le diviseur $x — a$, s'obtient en remplaçant, dans ce polynôme, x par a.

La différence $x^m — a^m$ des puissances semblables de deux quantités est toujours divisible par la différence $x — a$ de ces quantités.

La somme $x^m + a^m$ des puissances semblables de deux quantités est divisible par la somme $x + a$ de ces quantités, quand l'exposant m est impair.

La différence $x^m — a^m$ des puissances semblables de deux quantités est divisible par la somme $x + a$ de ces quantités, quand l'exposant m est pair.

CHAPITRE II.

Équations du premier degré (52-75).

Généralités sur les équations.

52. Nous avons dit, dans l'*Arithmétique*, que l'ensemble de deux quantités séparées par le signe $=$ est appelé, d'une manière générale, *égalité*. Cependant on réserve plus particulièrement ce nom aux expressions de la forme $A = B$, pour lesquelles on peut établir qu'en effet A est égal à B, soit en effectuant les calculs indiqués, soit en s'appuyant sur des propositions déjà démontrées. Ainsi,

$$(a+b+c)(-a+b+c)(a-b+c)(a+b-c)$$
$$= -a^4 - b^4 - c^4 + 2a^2b^2 + 2b^2c^2 + 2a^2c^2$$

est une véritable *égalité*, attendu que, les multiplications indiquées dans le premier nombre étant effectuées, ce premier membre devient égal au second membre.

53. Quand les deux membres d'une égalité sont *actuellement* égaux entre eux, ou qu'ils le deviennent à l'aide de transformations assez simples pour que l'esprit en puisse prévoir le résultat, cette égalité prend le nom d'*identité* :

$$a+b = a+b,\ 0 = 0,\ (a+b)(a-b) = a^2 - b^2$$

sont des identités.

ALGÈBRE.

54. On donne le nom d'*équation* à toute égalité qui ne devient une identité que si l'on remplace, par de certaines valeurs particulières, les lettres qui y entrent. Ainsi,

$$2x + 3x = 9 - 4x$$

est une équation, parce qu'*il faut donner à l'inconnue x la valeur 1*, pour que les deux membres deviennent *identiques*.

55. Quand l'équation proposée renferme une seule inconnue x, on appelle *racines* les quantités qui, *substituées à x, vérifient* l'équation, c'est-à-dire les quantités qui rendent les deux membres identiques. L'équation

$$x^2 + 6 = 5x$$

a pour racines les nombres 2 et 3 ; en effet,

$$2^2 + 6 = 5.2, \quad \text{et} \quad 3^2 + 6 = 5.3.$$

56. Si des équations renferment à la fois plusieurs inconnues $x, y, z, \ldots$, on donne le nom de *solutions* aux systèmes de valeurs de $x, y, z, \ldots$ qui vérifient ces équations.

Par exemple, le système des deux équations

$$x^2 + 3xy = 4,$$
$$2xy + y^2 - x = 2,$$

admet les deux solutions suivantes :

$$\begin{array}{c|c} x = 1 & x = -2 \\ y = 1 & y = 0 \end{array}$$

57. Dans la plupart des cas, les deux membres de l'*équation à résoudre* sont des polynômes entiers par rapport aux inconnues : le degré du terme dans lequel la somme des exposants des inconnues est la plus grande est alors le *degré de l'équation*. Ainsi, l'équation

$$2x - 3y = 1$$

est du premier degré ;

$$3x^2 + 7xy = 4y^2 - 5$$

est du second degré ; etc.

a 8

Principes relatifs à la résolution des équations.

58. Premier principe. — *On peut, sans changer les valeurs des inconnues, augmenter ou diminuer, d'une même quantité, les deux membres d'une équation.*

En effet, si l'équation $A = B$ devient identique après qu'on aura donné aux inconnues $x, y, z,...,$ contenues dans les polynômes A et B, des valeurs particulières, il en sera de même pour l'équation $A + C = B + C$.

59. De ce principe très-simple résulte la *règle de la transposition des termes* : pour faire passer un terme d'un membre dans l'autre, on l'efface dans le membre où il est contenu, et on l'écrit, dans l'autre membre, avec un signe contraire.

Soit, par exemple, l'équation
$$2x + 5x - 4 = 4x + 8.$$

En ajoutant 4 aux deux membres, puis retranchant $4x$ de part et d'autre, on trouve
$$2x + 5x - 4 + 4 - 4x = 4x - 4x + 8 + 4,$$
ou
$$2x + 5x - 4x = 8 + 4,$$

conformément à la règle.

60. Deuxième principe. — *On peut, sans changer les valeurs des inconnues, multiplier ou diviser, par une même quantité, les deux membres d'une équation, pourvu que cette quantité soit indépendante des inconnues.*

Après que l'on a fait *passer tous les termes dans le premier membre,* l'équation prend la forme
$$A = 0. \qquad (1)$$

Soit m une quantité *finie* quelconque, indépendante des inconnues : je dis que l'équation
$$mA = 0 \qquad (2)$$

équivaut à l'équation (1). Cet énoncé signifie que *les systèmes de valeurs qui vérifient l'équation* (1) *vérifient aussi l'équation* (2) ; *et* RÉCIPROQUEMENT. Or,

ALGÈBRE.

1° Les valeurs de x, y, z,..., qui satisfont à l'équation (1), ou *qui annulent* le polynôme A, annulent le produit mA*; donc elles vérifient l'équation (2).

2° Les valeurs de x, y, z,..., qui vérifient cette dernière équation, ou qui rendent le produit mA égal à zéro, *doivent annuler un des facteurs de ce produit*** : d'ailleurs, le facteur fini m est *indépendant* des inconnues ; donc il est différent de zéro, après comme avant la substitution ; donc les valeurs qui annulent mA annulent aussi A.

61. Remarque. — Si l'on divisait les deux membres d'une équation par une quantité contenant l'inconnue, on s'exposerait à supprimer des solutions. Par exemple l'équation

$$x^2 - 4x + 3 = x - 1$$

a pour racines les nombres 1 et 4 ; mais si l'on divise les deux membres par $x - 1$, on obtient l'équation

$$x - 3 = 1,$$

qui n'admet plus que la racine 4.

62. Le principe que nous venons de démontrer contient la *règle de la disparition des dénominateurs : pour transformer une équation renfermant des termes fractionnaires, en une équation à termes entiers, on multiplie les deux membres par une quantité qui soit divisible par tous les dénominateurs.* Ordinairement cette quantité est le plus petit multiple de tous les dénominateurs.

Considérons, par exemple, l'équation

$$\frac{2}{3}x + \frac{3}{4}x - \frac{7}{12}x + \frac{13}{24} = \frac{3}{8}x + 1.$$

Si nous multiplions tous les termes par 24, nous obtiendrons l'équation équivalente

$$16x + 18x - 14x + 13 = 9x + 24.$$

---

* Nous admettons, comme ci-dessus, que $0 \cdot m = 0$.
** Nous admettons également cette autre proposition : *Pour qu'un produit soit nul, il faut qu'un de ses facteurs soit nul.*

63. Troisième principe. — *On peut remplacer le système de deux équations par un autre système formé de l'une d'elles, et de l'équation qu'on obtient en ajoutant membre à membre* les proposées, après les avoir multipliées par des facteurs indépendants des inconnues.*

Pour démontrer cette proposition fondamentale, il suffit, à cause du deuxième principe, de faire voir que le système

$$\left. \begin{array}{l} A = 0, \\ B = 0, \end{array} \right\} \qquad (1)$$

équivaut au système

$$\left. \begin{array}{l} A = 0, \\ A + B = 0. \end{array} \right\} \qquad (2)$$

Or, les systèmes de valeurs de x, y, z,..., qui annulent A et B, annulent évidemment la somme $A + B$. D'un autre côté, les systèmes de valeurs qui annulent la somme $A+B$ et la partie A de cette somme, annulent l'autre partie B. C'est ce qu'il fallait démontrer.

64. Remarque. — *L'équation*

$$mA + nB = 0,$$

formée en ajoutant membre à membre les équations (1), après les avoir multipliées respectivement par les facteurs m et n, n'est pas plus générale que l'équation

$$A + pB = 0:$$

car on peut prendre le *facteur p* égal à $\dfrac{n}{m}$.

---

* Ajouter *membre à membre* deux équations données, c'est égaler la somme des premiers membres à la somme des seconds membres.

ALGÈBRE.

Résolution des équations du premier degré, à une seule inconnue.

65. Prenons, pour premier exemple, l'équation

$$\frac{2}{3}x + \frac{3}{4}x - \frac{7}{12}x + \frac{13}{24}x = \frac{3}{8}x + 1, \qquad (1)$$

déjà considérée ci-dessus.

1° Pour *résoudre* cette équation, commençons, comme précédemment, par faire disparaître les dénominateurs qu'elle renferme. Nous trouvons

$$16x + 18x - 14x + 13 = 9x + 24. \qquad (2)$$

2° *Transposons*, de manière à faire passer dans le premier membre les termes contenant l'inconnue x, et, dans le second membre, les termes *indépendants;* il nous viendra

$$16x + 18x - 14x - 9x = 24 - 13. \qquad (3)$$

3° Puis en *réduisant* les termes semblables,

$$11x = 11. \qquad (4)$$

4° *Divisons* les deux membres *par le coefficient de x;* nous avons enfin

$$x = 1.$$

Cette dernière équation, qui équivaut à la *proposée* (1), devient identique quand on y remplace x par 1; donc l'équation (1) admet 1 pour *racine* ou pour *solution*.

66. Soit encore l'équation

$$\frac{7}{12}x + \frac{4}{5}x - \frac{3}{10} - \frac{4}{45}x = \frac{11}{60}x + 7 - 3x. \qquad (1)$$

En la traitant comme celle du numéro précédent, on obtient successivement :

$$105x + 144x - 54 - 16x = 33x + 1260 - 540x, \qquad (2)$$

8.

$$105x + 144x - 16x - 33x + 540x = 1260 + 54, \quad (3)$$

$$740x = 1314, \quad (4)$$

$$x = \frac{657}{370}. \quad (5)$$

67. On conclut, de ces deux exemples, la règle générale suivante :

Pour résoudre une équation du premier degré à une seule inconnue : 1° faites disparaître les dénominateurs; 2° transposez, dans le premier membre, les termes contenant l'inconnue, et, dans le second membre, les termes connus; 3° réduisez les termes semblables; 4° divisez les deux membres par le coefficient de l'inconnue.

68. Appliquons cette règle à l'équation *littérale*

$$\frac{ab+cd}{ab-cd}x + \frac{a+b}{a-b}x + \frac{2ab}{a^2-b^2}x - 2\frac{a^2-ab+b^2}{a^2-b^2}$$
$$= \frac{ab-cd}{ab+cd}x + 4\frac{abcd(a^2-ab+b^2)}{(a^2b^2-c^2d^2)(a^2+ab+b^2)} - \frac{a-b}{a+b}x. \quad (1)$$

Avec un peu d'attention, on reconnaît que *le plus petit multiple** des dénominateurs est la quantité

$$M = (a^2 - b^2)(a^2b^2 - c^2d^2)(a^2 + ab + b^2).$$

En multipliant par M tous les termes de l'équation, on a d'abord

$$(a^2-b^2)(ab+cd)^2(a^2+ab+b^2)x$$
$$+ (a+b)^2(a^2b^2-c^2d^2)(a^2+ab+b^2)x$$
$$+ 2ab(a^2b^2-c^2d^2)(a^2+ab+b^2)x$$
$$- 2(a^2b^2-c^2d^2)(a^2+ab+b^2)(a^2-ab+b^2)$$
$$= (a^2-b^2)(ab-cd)^2(a^2+ab+b^2)x$$
$$+ 4abcd(a^2-b^2)(a^2-ab+b^2)$$
$$- (a-b)^2(a^2b^2-c^2d^2)(a^2+ab+b^2)x;$$

---

* A proprement parler, quand il s'agit de quantités algébriques, on ne peut pas dire qu'un multiple soit *plus petit* qu'un autre multiple. Cependant, par extension de ce qui a lieu pour les nombres entiers, on donne le nom de *plus petit multiple* de plusieurs polynômes entiers à la quantité entière *la plus simple*, divisible par tous ces polynômes.

ALGÈBRE.

ou, en transposant,

$$(a^2 - b^2)(ab + cd)^2(a^2 + ab + b^2)x$$
$$+ (a+b)^2(a^2b^2 - c^2d^2)(a^2 + ab + b^2)x$$
$$+ 2ab(a^2b^2 - c^2d^2)(a^2 + ab + b^2)x$$
$$- (a^2 - b^2)(ab - cd)^2(a^2 + ab + b^2)x$$
$$+ (a-b)^2(a^2b^2 - c^2d^2)(a^2 + ab + b^2)x$$
$$= 2(a^2b^2 - c^2d^2)(a^2 + ab + b^2)(a^2 - ab + b^2)$$
$$+ 4abcd(a^2 - b^2)(a^2 - ab + b^2). \qquad (2)$$

Le coefficient de x peut être écrit ainsi :

$$(a^2 - b^2)(a^2 + ab + b^2)[(ab + cd)^2 - (ab - cd)^2]$$
$$+ (a^2b^2 - c^2d^2)(a^2 + ab + b^2)[(a+b)^2 + (a-b)^2]$$
$$+ 2ab(a^2b^2 - c^2d^2)(a^2 + ab + b^2).$$

Or,
$$(ab + cd)^2 - (ab - cd)^2 = 4abcd,$$
$$(a+b)^2 + (a-b)^2 = 2(a^2 + b^2);$$

donc ce coefficient devient

$$(a^2 + ab + b^2)\left[\begin{array}{c} 4abcd(a^2 - b^2) + 2(a^2b^2 - c^2d^2)(a^2 + b^2) \\ + 2ab(a^2b^2 - c^2d^2) \end{array}\right]$$

ou

$$2(a^2 + ab + b^2)[2abcd(a^2 - b^2) + (a^2b^2 - c^2d^2)(a^2 + ab + b^2)] = A.$$

D'un autre côté, le second membre de l'équation (2) égale

$$2(a^2 - ab + b^2)[(a^2b^2 - c^2d^2)(a^2 + ab + b^2) + 2abcd(a^2 - b^2)] = B.$$

L'équation (2) se réduit donc à

$$Ax = B,$$

c'est-à-dire à

$$2(a^2 + ab + b^2)[2abcd(a^2 - b^2) + (a^2b^2 - c^2d^2)(a^2 + ab + b^2)]x$$
$$= 2(a^2 - ab + b^2)[(a^2b^2 - c^2d^2)(a^2 + ab + b^2) + 2abcd(a^2 - b^2)].$$

Les deux membres de cette nouvelle équation sont divisibles par la quantité

$$2[2abcd(a^2 - b^2) + (a^2b^2 - c^2d^2)(a^2 + ab + b^2)],$$

indépendante de l'inconnue : en la supprimant, on obtient

140   ALGÈBRE.
$$(a^2 + ab + b^2)x = a^2 - ab + b^2;$$
d'où
$$x = \frac{a^2 - ab + b^2}{a^2 + ab + b^2}*.$$

Résolution de deux équations du premier degré, à deux inconnues.

69. Supposons, pour fixer les idées, que l'on veuille trouver les valeurs de x et de y satisfaisant aux deux équations

$$7x + 3y = 36, \qquad (1)$$
$$11x - 5y = 8. \qquad (2)$$

Les différents procédés qui permettent de résoudre ce problème se réduisent tous à *déduire, des deux équations proposées, une nouvelle équation qui renferme seulement l'une des deux inconnues* : c'est ce qu'on appelle *éliminer l'autre inconnue*. Cette *élimination* est ordinairement faite *par comparaison, par substitution*** ou *par réduction*.

70. *Élimination par comparaison.* — Résolvons chacune des équations (1), (2) par rapport à l'une des deux inconnues, comme si l'autre inconnue était déjà déterminée. Nous aurons, par exemple,

$$x = \frac{36 - 3y}{7}, \;(3) \qquad x = \frac{8 + 5y}{11}. \;(4)$$

Cela fait, *égalons* ou *comparons* ces deux valeurs de x ; il nous viendra *l'équation à une seule inconnue*,

$$\frac{36 - 3y}{7} = \frac{8 + 5y}{11}.$$

Elle donne $y = 5$. Substituant cette *racine* dans la formule (3) ou dans la formule (4), nous trouvons $x = 3$.

---

* L'exemple qui vient d'être développé peut servir à faire voir combien est important le *théorème relatif aux facteurs communs*, démontré dans l'*Arithmétique* (44).

** Le nouveau programme n'impose pas, comme le faisaient ceux qui l'ont précédé, l'*élimination par la méthode dite de substitution*. Nous sommes très-heureux de ce progrès.

ALGÈBRE.

71. *Élimination par substitution.* — Au lieu de résoudre les équations (1), (2), *substituons*, dans la dernière, *la valeur de* x *tirée de l'autre équation* : x sera éliminé, et nous aurons

$$11\frac{36-3y}{7} - 5y = 8\,;$$

d'où $y = 5$, comme précédemment.

72. *Élimination par réduction.* — Observons d'abord que si les coefficients d'une même inconnue, dans les équations proposées, étaient égaux entre eux, on éliminerait cette inconnue en retranchant membre à membre les deux équations ou en les ajoutant membre à membre, suivant que les coefficients égaux seraient de même signe ou de signes contraires.

Cela posé, multiplions les deux membres de l'équation (1) par 11, coefficient de x dans (2), et multiplions les deux membres de cette seconde équation par 7, coefficient de x dans (1) ; les systèmes de valeurs de x et de y ne seront pas altérés [60]; et nous aurons

$$7.11\,x + 3.11\,y = 36.11, \qquad (5)$$
$$11.7\,x - 5.7\,y = 8.7; \qquad (6)$$

d'où, en retranchant,

$$(3.11 + 5.7)\,y = 36.11 - 8.7. \qquad (7)$$

D'après un théorème démontré plus haut [63], le système proposé peut être remplacé par un autre système, formé de l'équation (7), jointe à l'une des équations données, à l'équation (2) par exemple. Or, l'équation (7) donne

$$y = \frac{36.11 - 8.7}{68} = \frac{9.11 - 2.7}{17} = \frac{85}{17} = 5\,;$$

et cette valeur, substituée dans (2), donne $x = 3$.

Les équations proposées admettent donc, pour solution,

$$x = 3,\ y = 5.$$

73. *Remarque.* — Quand les coefficients de l'inconnue que l'on veut éliminer ne sont pas premiers entre eux, on les *réduit,* l'un et l'autre, à leur plus petit multiple. Soient, par exemple,

$$60\,x - 77\,y = 488,$$
$$48\,x + 35\,y = 4,$$

les deux équations proposées. Au lieu de multiplier par 35 et par 77; comme le plus petit multiple de ces deux coefficients est $77 \cdot 5 = 35 \cdot 11$, nous multiplierons seulement par 5, par 11, et nous ajouterons membre à membre. Nous obtiendrons ainsi

ou
$$(60 \cdot 5 + 48 \cdot 11)\,x = 488 \cdot 5 + 4 \cdot 11,$$

ou
$$(15 \cdot 5 + 12 \cdot 11)\,x = 122 \cdot 5 + 11,$$

$$3\,(25 + 44)\,x = 621;$$

ce qui donne
$$x = \frac{207}{69} = 3.$$

74. Nous n'avons pas encore justifié les deux premières méthodes d'élimination; mais il est bien facile de voir qu'elles ne diffèrent, qu'en apparence, du troisième procédé.

1° Soit d'abord l'élimination par comparaison, et soient, comme ci-dessus, les deux équations

$$7\,x + 3\,y = 36, \qquad (1)$$
$$11\,x - 5\,y = 8. \qquad (2)$$

Elles nous ont donné les deux équations respectivement *équivalentes*,

$$x = \frac{36 - 3\,y}{7}, \qquad (3)$$

$$x = \frac{8 + 5\,y}{11}. \qquad (4)$$

Pour éliminer x *par réduction*, entre ces deux dernières équations, il suffit de les retrancher membre à membre, ce qui, évidemment, revient à *égaler* les deux valeurs de x.

2° Pour l'élimination par substitution, observons que le système proposé peut être remplacé par les équations

ALGÈBRE

$$x = \frac{36 - 3y}{7}, \qquad (3)$$

$$11x - 5y = 8, \qquad (2)$$

qui donne, en multipliant par 11 et retranchant,

$$-5y = 8 - 11\frac{36 - 3y}{7},$$

ou, comme ci-dessus,

$$11\frac{36 - 3y}{7} - 5y = 8.$$

Résolution d'un nombre quelconque d'équations du premier degré, entre un même nombre d'inconnues.

75. En généralisant les considérations précédentes, on arrive à cette règle générale : *Pour résoudre* n *équations entre* n *inconnues, on déduit de ces équations, par l'élimination d'une même inconnue,* n — 1 *équations entre* n — 1 *inconnues. On déduit de celles-ci, par un calcul semblable au premier,* n — 2 *équations entre* n — 2 *inconnues ; et ainsi de suite. Le système proposé se trouve enfin remplacé par un autre système de* n *équations, contenant respectivement* n, n — 1, n — 2,..., 2, 1 *inconnues. Résolvant alors l'équation qui renferme une seule inconnue, on trouve, par des substitutions successives, les valeurs de toutes les autres inconnues.*

Soit, par exemple, le système suivant :

$$
\begin{aligned}
3x + 2y - 7z + 4t + 3u &= 41, & (1) \\
-2x - 3y - 5z + 3t - 2u &= 17, & (2) \\
-6x + 7y - 3z + t - 4u &= 7, & (3) \\
3x - 4y - 6z + 2t - 11u &= 26, & (4) \\
5x - 5y + 3z + 3t + 4u &= 5. & (5)
\end{aligned}
$$

Éliminons x entre les deux équations (1), (2), puis entre les équations (2), (3), etc., nous obtiendrons

$$
\begin{aligned}
-5y - 29z + 17t &= 133, & (6) \\
8y + 6z - 4t + u &= -22, & (7) \\
-y - 15z + 5t - 26u &= 59, & (8) \\
5y + 39z - t + 67u &= -115. & (9)
\end{aligned}
$$

ALGÈBRE.

Ce nouveau système, joint à l'une des équations données, peut tenir lieu du système proposé [65].

Comme l'équation (6) ne renferme pas u, nous éliminerons cette inconnue entre les équations (7), (8), (9). De cette manière, *le calcul est abrégé*, et nous trouvons

$$69 y + 47 z - 33 t = -171, \qquad (10)$$
$$177 y + 121 z - 89 t = -453. \qquad (11)$$

En éliminant y entre les équations (6), (10), (11), on obtient

$$-883 z + 504 t = 4161, \qquad (12)$$
$$-1132 z + 641 t = 5319. \qquad (13)$$

Enfin l'élimination de t entre ces deux dernières équations donne, en réduisant,

$$z = -3. \qquad (14)$$

Le système proposé peut donc être remplacé par celui-ci :

$$z = -3, \qquad (14)$$
$$-883 z + 504 t = 4161, \qquad (12)$$
$$69 y + 47 z - 33 t = -171, \qquad (10)$$
$$8 y + 6 z - 4 t + u = -22, \qquad (7)$$
$$3 x + 2 y - 7 z + 4 t + 3 u = 41. \qquad (1)$$

La résolution de ces dernières équations n'offre plus de difficulté ; elle donne

$$z = -3,\ t = 3,\ y = 1,\ u = 0,\ x = 2.$$

Problèmes du premier degré*.

76. Problème I. — *Trouver deux nombres dont la somme soit* a, *et dont la différence soit* b.

Représentons par x et y ces deux nombres : *les équations du problème* sont

$$x + y = a, \quad x - y = b.$$

---

* Bien que le Programme officiel ne mentionne pas cette question, il nous a semblé qu'il la renferme implicitement, puisqu'il demande l'*interprétation des valeurs négatives dans les problèmes*.

Elles donnent
$$2x = a+b, \quad 2y = a-b;$$
d'où
$$x = \frac{1}{2}a + \frac{1}{2}b, \quad y = \frac{1}{2}a - \frac{1}{2}b.$$

Ces deux formules signifient que :
Connaissant la somme et la différence de deux nombres, il faut, pour avoir le plus grand, ajouter la demi-différence à la demi-somme; et, pour avoir le plus petit, il faut, de la demi-somme, retrancher la demi-différence.

77. Remarque. — Si l'on avait résolu ce problème en attribuant des valeurs particulières à la somme et à la différence des inconnues, on n'aurait pas vu clairement comment celles-ci dépendent des données. Au contraire, en employant des lettres, nous avons obtenu une *règle générale, applicable à tous les cas particuliers.* C'est en cette généralisation que consiste surtout l'avantage des solutions algébriques sur les solutions purement arithmétiques.

78. Problème II. — *Une personne possède un certain capital, qu'elle fait valoir à un taux inconnu. Une deuxième personne a a^f de plus que la première; elle fait valoir son capital à un taux qui surpasse le premier de 1 0/0, et son revenu est supérieur de b^f à celui de la première personne. Une troisième personne possède a'^f de plus que la première; elle fait valoir son capital à un taux qui surpasse le premier, de 2 0/0, et son revenu est égal à celui de la première, augmenté de b'^f. Quels sont les capitaux, les taux d'intérêt et les revenus?*

Représentons par x le premier capital, et par y le taux auquel on le fait valoir. Le revenu de la première personne sera [*Arithm.*, 238]

$$\frac{xy}{100}.$$

De même, les deux autres revenus sont représentés par

$$\frac{(x+a)(y+1)}{100} \text{ et } \frac{(x+a')(y+2)}{100}.$$

D'ailleurs, ils doivent surpasser de b et de b' le premier revenu. Les équations du problème sont donc

1. *Arithmétique.*

$$\frac{(x+a)(y+1)}{100} = \frac{xy}{100} + b, \qquad (1)$$

$$\frac{(x+a')(y+2)}{100} = \frac{xy}{100} + b'. \qquad (2)$$

En effectuant et simplifiant, nous réduirons ces équations aux deux suivantes :

$$x + ay = 100b - a, \qquad (3)$$

$$2x + a'y = 100b' - 2a'. \qquad (4)$$

Celles-ci donnent les deux formules :

$$y = \frac{100(2b - b') + 2(a' - a)}{2a - a'} \qquad (5)$$

$$x = \frac{100(ab' - ba') - aa'}{2a - a'}, \qquad (6)$$

applicables à tous les cas particuliers du problème.

Supposons, par exemple,

$$a = 15\,000, \quad a' = 20\,000, \quad b = 850, \quad b' = 1\,500;$$

nous aurons

$$y = \frac{100 \cdot 200 + 10\,000}{10\,000} = 3,$$

$$x = \frac{100(225 - 170)\,100\,000 - 300\,000\,000}{10\,000}$$

$$= 55\,000 - 30\,000 = 25\,000.$$

Ainsi,

la première personne possède 25 000^f, *qu'elle fait valoir à* 3 0/0;
la deuxième personne possède 40 000^f, *qu'elle fait valoir à* 4 0/0;
la troisième personne possède 45 000^f, *qu'elle fait valoir à* 5 0/0.

Il est facile de vérifier que ces valeurs satisfont à toutes les conditions données.

5.

79. Problème III. — *Deux tonneaux, A et B, contiennent l'un a litres de vin, l'autre b litres de vin. On extrait une même quantité de vin de chacun d'eux, après quoi l'on verse dans A ce qu'on a tiré de B, et dans B ce qu'on a tiré de A. Dans quel cas les mélanges résultant de cette opération seront-ils identiques*?*

Si l'on extrait x litres de vin de chaque tonneau, le premier mélange contiendra $a - x$ litres du premier vin et x litres du second. De même le second mélange sera composé de x litres du premier vin et de $b - x$ litres du second. Pour que les deux mélanges soient identiques, on doit avoir

$$\frac{a-x}{x} = \frac{x}{b-x};$$

d'où, par les propriétés des proportions,

$$\frac{a}{x} = \frac{b}{b-x} = \frac{a+b}{b} **.$$

Donc
$$x = \frac{ab}{a+b}.$$

80. Problème IV. — *Un père ordonne, par son testament, que l'aîné de ses enfants prélèvera sur l'héritage une somme a, plus la n^e partie du reste; que le deuxième prendra ensuite 2a, plus la n^e partie du nouveau reste; que le troisième prendra ensuite 3 a, plus la n^e partie du nouveau reste, etc. Il arrive, par suite de ces dispositions, que l'héritage est partagé également entre tous les enfants. On demande quelle est la valeur de cet héritage, quel est le nombre des enfants, et quelle est la part de chacun.*

Désignons par X l'héritage et par $y_1, y_2, y_3, \ldots, y_p, y_{p+1}, \ldots$, les parts successives ***.

D'après l'énoncé, la part y_p du p^e enfant se compose de pa,

---

* Cette question, que les *garçons de cave* ont souvent occasion de résoudre empiriquement, m'a été proposée par un employé de l'Entrepôt des vins.
** Nous ferons observer, en passant, que l'emploi des proportions permet souvent d'effectuer très-simplement certaines éliminations. L'illustre Cauchy faisait un fréquent usage de ce procédé.
*** Les expressions y_1, y_2, y_3 s'énoncent : y indice 1, y indice 2, etc.

augmenté de la n^e partie de ce qui reste de l'héritage quand les $(p-1)$ premiers enfants ont pris leurs parts respectives, et après que le p^e a déjà prélevé la somme pa. Cette condition, traduite en langage algébrique, donne

$$y_p = pa + \frac{X - y_1 - y_2 - \ldots - y_{p-1} - pa}{n}. \quad (1)$$

De même, la part du $(p+1)^e$ enfant est

$$y_{p+1} = (p+1)a + \frac{X - y_1 - y_2 - \ldots - y_p - (p+1)a}{n}. \quad (2)$$

Toutes les parts doivent être égales entre elles; donc, en particulier,

$$y_p = y_{p+1}. \quad (3)$$

Les équations (1), (2), (3) contiennent les inconnues X, y_1, y_2, ..., y_p, y_{p+1}, lesquelles peuvent être en nombre quelconque. Cependant ces trois équations suffisent pour résoudre complètement la question proposée. En effet, si nous retranchons la première de la deuxième, en ayant égard à la dernière, nous trouvons :

$$0 = a - \frac{y_p + a}{n};$$

d'où

$$y_p = (n-1)a.$$

Le second membre de cette formule est indépendant de l'indice p, qui désigne le rang de la part considérée; donc, conformément à l'énoncé, *toutes les parts sont égales entre elles.*

Pour déterminer la valeur de l'héritage, supposons, dans la formule (1), $p = 1$; nous aurons

$$(n-1)a = a + \frac{X-a}{n},$$

puis

$$X = (n-1)^2 a.$$

Les parts étant toutes égales, le nombre des enfants s'obtient en divisant X par $(n-1)a$: ce nombre est donc $n-1$.

ALGÈBRE.   149

81. Problème V. — *Un réservoir, qui est plein d'eau, peut se vider par deux robinets. On ouvre l'un d'eux, et l'on fait couler $\frac{1}{n}$ de l'eau; après quoi l'on ouvre l'autre robinet. Le réservoir achève de se vider, et emploie, pour cela, a heures de plus qu'il n'a fallu au premier robinet pour vider le $\frac{1}{n}$ de l'eau. Si l'on eût ouvert les deux robinets dès le commencement, le réservoir aurait été vidé b heures plus tôt. En combien d'heures le bassin, supposé plein, se viderait-il, si un seul robinet était ouvert?*

Représentons par x le nombre d'heures nécessaires pour l'évacuation du bassin, si le premier robinet était ouvert; par y la quantité analogue, relative à l'autre robinet; et prenons pour unité le volume du bassin.

Pour faire écouler $\frac{1}{n}$ de l'eau, on doit laisser le premier robinet ouvert pendant un temps marqué par $\frac{x}{n}$. Cela étant fait, les deux robinets laissent échapper le reste de l'eau, c'est-à-dire un volume égal à $\frac{n-1}{n}$. Or, en une heure, les deux robinets étant ouverts, il s'écoulerait une quantité d'eau égale à $\frac{1}{x}+\frac{1}{y}$, ou égale à $\frac{x+y}{xy}$. Si donc nous divisons $\frac{n-1}{n}$ par $\frac{x+y}{xy}$, le quotient indiquera pendant combien de temps les deux robinets coulent ensemble. D'après l'énoncé, ce nombre d'heures surpasse de a le nombre $\frac{x}{n}$. La première équation du problème est donc

$$\frac{n-1}{n}\cdot\frac{xy}{x+y}=\frac{x}{n}+a. \qquad (1)$$

Remarquons, maintenant, que le temps employé à vider complétement le bassin, est $\frac{x}{n}+\frac{n-1}{n}\cdot\frac{xy}{x+y}$. D'un autre côté, si les deux robinets eussent été ouverts à la fois, ce temps aurait été $\frac{xy}{x+y}$. Et comme, dans ce cas, le bassin aurait été vidé b heures plus tôt, la seconde équation est

$$\frac{x}{n} + \frac{n-1}{n} \cdot \frac{xy}{x+y} = \frac{xy}{x+y} + b. \qquad (2)$$

Pour simplifier, posons $\dfrac{xy}{x+y} = z$; nous aurons

$$(n-1)z - x = na, \qquad (3)$$
$$-z + x = nb. \qquad (4)$$

Ces deux équations donnent

$$x = \frac{n}{n-2}[(n-1)b + a], \quad z = \frac{n}{n-2}(a+b). \qquad (5)$$

Il ne reste plus qu'à déterminer y. Or, l'équation

$$\frac{xy}{x+y} = z,$$

donne

$$y = \frac{xz}{x-z};$$

d'où, en substituant pour z sa valeur et en simplifiant,

$$y = \frac{n}{(n-2)^2} \cdot \frac{[(n-1)b + a](a+b)}{b}. \qquad (6)$$

Résumé.

On donne le nom d'*équation* à toute égalité qui ne devient une identité que si l'on remplace, par de certaines valeurs particulières, les lettres qui y entrent.

Quand l'équation proposée renferme une seule inconnue x, on appelle *racines* les quantités qui, mises à la place de x, vérifient l'équation, c'est-à-dire les quantités qui rendent les deux membres identiques.

Si des équations renferment à la fois plusieurs inconnues x, y, z,… on donne le nom de *solutions* aux systèmes de valeurs de x, y, z,… qui vérifient ces équations.

On peut, sans changer les valeurs des inconnues, augmenter ou diminuer, d'une même quantité, les deux membres d'une équation.

ALGÈBRE.

Pour faire passer un terme d'un membre dans l'autre, on l'efface dans le membre où il est contenu, et on l'écrit, dans l'autre membre, avec un signe contraire.

On peut, sans changer les valeurs des inconnues, multiplier ou diviser, par une même quantité, les deux membres d'une équation, pourvu que cette quantité soit indépendante des inconnues.

Pour transformer une équation renfermant des termes fractionnaires en une équation à termes entiers, on multiplie les deux membres par une quantité qui soit divisible par tous les dénominateurs.

On peut remplacer le système de deux équations par un autre système formé de l'une d'elles, et de l'équation qu'on obtient en ajoutant membre à membre les proposées, après les avoir multipliées par des facteurs indépendants des inconnues.

Pour résoudre une équation du premier degré à une seule inconnue : 1° on fait disparaître les dénominateurs ; 2° on transpose, dans le premier membre, les termes contenant l'inconnue, et, dans le second membre, les termes tout connus ; 3° on réduit les termes semblables ; 4° on divise les deux membres par le coefficient de l'inconnue.

Les différents procédés qui permettent de résoudre le problème de la résolution de deux équations du premier degré, à deux inconnues, se réduisent tous à déduire, des deux équations proposées, une nouvelle équation qui renferme seulement l'une des deux inconnues : c'est ce qu'on appelle *éliminer* l'autre inconnue.

L'élimination est ordinairement faite par comparaison, par substitution, ou par réduction.

Pour l'élimination par comparaison, on résout les deux équations par rapport à l'une des deux inconnues, et l'on égale les deux valeurs trouvées.

Pour l'élimination par substitution, on résout l'une des deux équations par rapport à l'inconnue que l'on veut éliminer, et l'on substitue dans l'autre équation, au lieu de cette inconnue, la valeur trouvée.

Pour l'élimination par réduction, on multiplie les deux équations par des facteurs tels, que les coefficients d'une même inconnue soient égaux et de même signe, ou égaux et de signes contraires ; on retranche ensuite membre à membre les deux équations, ou bien on les ajoute membre à membre.

Pour résoudre n équations entre n inconnues, on déduit de ces équations, par l'élimination d'une inconnue, $n-1$ équations entre $n-1$ inconnues. On déduit de celles-ci, par un calcul semblable au premier, $n-2$ équations entre $n-2$ inconnues ; et ainsi de suite. Le système proposé se trouve enfin remplacé par un autre système de n équations, contenant respectivement n, $n-1, n-2,\ldots$ 2, 1 inconnues. Résolvant alors l'équation qui renferme une seule inconnue, on trouvera, par des substitutions successives, les valeurs de toutes les autres inconnues.

CHAPITRE III.

Interprétation des valeurs négatives et discussion des cas d'impossibilité et d'indétermination qui se présentent dans certains problèmes du premier degré (82-102).

Interprétation des valeurs négatives dans les problèmes.

82. On a vu ci-dessus [8] qu'une *quantité négative* est un nombre précédé du signe —, tandis qu'un nombre précédé du signe + prend le nom de *quantité positive*. Il s'agit à présent d'*interpréter*, autant que possible, les solutions négatives des équations. Quelques questions très-simples serviront à faire comprendre la théorie qui nous occupe.

83. **Problème.** — *Trouver un nombre égal à la somme de sa moitié, de son tiers et de son quart, augmentée de 2 unités.*
L'équation du problème est
$$x = \frac{x}{2} + \frac{x}{3} + \frac{x}{4} + 2 ; \qquad (1)$$
elle donne
$$x = -24. \qquad (2)$$

Ainsi le *nombre demandé* est — 24. Cette réponse, prise à la lettre, n'offre aucun sens ; d'un autre côté, — 24 est la *seule racine* de l'équation (2) ou de l'équation (1), et celle-ci est la traduction, en langage algébrique, de l'énoncé du problème ; donc cet énoncé exprime une impossibilité.

En effet, la somme de la moitié, du tiers et du quart d'un nombre quelconque équivaut aux $\frac{13}{12}$ du nombre ; donc il n'est pas possible qu'augmentée de 2 unités, elle soit égale à ce même nombre.

84. **Problème.** — *Une personne possède un certain capital, qu'elle fait valoir à un taux inconnu. Une deuxième personne a 10 000ᶠ de plus que la première ; elle fait valoir son capital à un taux qui surpasse le premier de 1 0/0, et son revenu est supérieur de 400ᶠ à celui de la première personne. Une troisième personne possède 15 000ᶠ de plus que la première ; elle*

fait valoir son capital à un taux qui surpasse le premier, de 2 0/0, et son revenu est égal à celui de la première, augmenté de 650^f. Quels sont les capitaux, les taux d'intérêt et les revenus?

Ce problème est un cas particulier de celui que nous avons traité ci-dessus [78]. Il suppose

$$a = 10\,000;\ a' = 15\,000,\ b = 400,\ b' = 650.$$

Si on le résout directement, ou si l'on a recours aux formules générales du numéro cité, on trouve

$$x = -20\,000,\ y = 5.$$

Pour répondre à la question proposée, il faudrait donc dire que *le capital de la première personne est* $-20\,000^f$ *et que le taux d'intérêt est* 5 0/0; ce qui n'offre aucun sens.

Ici encore, la valeur négative trouvée pour l'inconnue indique une impossibilité dans l'énoncé. Pour vérifier qu'en effet les conditions données sont contradictoires, remarquons d'abord que l'excès du deuxième revenu sur le premier est

$$\frac{(x+10\,000)(y+1)}{100} - \frac{xy}{100} = \frac{x+10\,000}{100} + \frac{10\,000\,y}{100}.$$

Il se compose donc : 1° de l'intérêt, à 1 %, du deuxième capital ; 2° de l'intérêt de 10 000^f, au premier taux.

Semblablement, l'excès du troisième revenu sur le deuxième; ou

$$\frac{x+15\,000}{100} + \frac{5\,000\,y}{100} + \frac{5\,000}{100},$$

se compose : 1° de l'intérêt, à 1 %, du troisième capital . 2° de l'intérêt de 5 000^f, au premier taux ; 3° de l'intérêt de 5 000^f, à 1 %.

Si le problème était possible, le second excès surpasserait donc le premier d'une somme inférieure à

$$\left(\frac{15\,000 + 5\,000 - 10\,000}{100}\right)^f = 100^f.$$

D'après l'énoncé, il le surpasse de 250^f ; par conséquent, cet énoncé exprime des conditions contradictoires.

85. Sans qu'il soit nécessaire de multiplier les exemples, nous pouvons affirmer qu'*une valeur négative, trouvée pour l'inconnue, indique ordinairement une impossibilité dans l'énoncé du problème.*

Il y a plus : on peut souvent, au moyen de la valeur négative, *rectifier* l'énoncé du problème, de telle sorte que, *prise positivement*, elle satisfasse au nouvel énoncé. Pour voir comment se fait cette modification, changeons x en $-x$ dans l'équation (1) du premier problème; nous trouvons

$$-x = -\frac{x}{2} - \frac{x}{3} - \frac{x}{4} + 2,$$

ou, ce qui est équivalent,

$$x = \frac{x}{2} + \frac{x}{3} + \frac{x}{4} - 2. \qquad (3)$$

Sans refaire les calculs, on voit que la racine de cette nouvelle équation est égale à la racine de l'équation (1), changée de signe, c'est-à-dire qu'elle est $+24$. D'un autre côté, l'équation (3) se rapporte évidemment à ce problème :

Trouver un nombre égal à la somme de sa moitié, de son tiers et de son quart, diminuée de 2 unités.

D'après ce qui précède, ce nombre est 24. De plus, les deux énoncés ne diffèrent l'un de l'autre que par le changement du mot *augmentée* dans le mot *diminuée*.

86. Les équations du second problème deviennent pareillement, si nous y remplaçons $+x$ par $-x$:

$$\frac{(-x + 10\,000)(y + 1)}{100} = -\frac{xy}{100} + 400,$$

$$\frac{(-x + 15\,000)(y + 2)}{100} = -\frac{xy}{100} + 650;$$

ou

$$\frac{(x - 10\,000)(y + 1)}{100} = \frac{xy}{100} - 400,$$

$$\frac{(x - 15\,000)(y + 2)}{100} = \frac{xy}{100} - 650.$$

Ces deux dernières équations sont vérifiées par $x = 20\,000$, $y = 5$. D'ailleurs elles sont la traduction, en langage algébrique, de ce nouvel énoncé :

Une personne possède un certain capital, qu'elle fait valoir à un taux inconnu. Une deuxième personne a 10 000ᶠ de moins que la première; elle fait valoir son capital à un taux qui surpasse le premier, de 1 0/0, et son revenu est inférieur de 400ᶠ à celui de la première personne. Une troisième personne a 15 000ᶠ de moins que la première; elle fait valoir son capital à un taux qui surpasse le premier, de 2 0/0, et son revenu est égal à celui de la première, diminué de 650ᶠ. Quels sont les capitaux, les taux d'intérêt et les revenus ?

La première personne possède 20 000ᶠ, qu'elle fait valoir à 5 %;
La deuxième   —   —   10 000ᶠ   —   —   6 %;
La troisième   —   —   5 000ᶠ   —   —   7 %.

Ces valeurs satisfont bien au nouvel énoncé, car elles donnent, pour les trois revenus, 1 000ᶠ, 600ᶠ, 350ᶠ; et il est clair que le premier surpasse les deux autres, respectivement, de 400ᶠ et de 650ᶠ.

87. Les considérations précédentes conduisent à cette règle :
Si l'équation d'un problème donne une quantité négative — a *pour valeur de l'inconnue* x, *on change, dans cette équation,* x *en* —x ; *puis on examine quels sont les changements qu'il faut faire subir à l'énoncé primitif, pour que la nouvelle équation soit celle du problème modifié : la réponse au nouvel énoncé sera la quantité positive* a.

88. **Remarque.** — Ces modifications dans l'énoncé se réduisent, presque toujours, à des additions changées en soustractions, ou réciproquement ; elles n'altèrent en rien les valeurs absolues des données [*].

Usage des quantités négatives.

89. D'après ce qui précède, un problème est ordinairement *possible* ou *impossible*, suivant que l'équation à laquelle il conduit admet une racine positive ou une racine négative. On

---

[*] Les conclusions auxquelles nous venons d'arriver sont sujettes à quelques exceptions. Par exemple, une valeur négative peut indiquer une hypothèse fausse.

156 ALGÈBRE.

peut aller plus loin, et employer les quantités positives ou négatives pour indiquer, tout à la fois, la *mesure* et la *situation* des grandeurs.

Pour éclaircir cette notion, observons que, dans une foule de questions, une même grandeur peut avoir deux situations contraires, lesquelles sont commodément indiquées par les signes + ou —, placés devant le nombre qui mesure la grandeur.

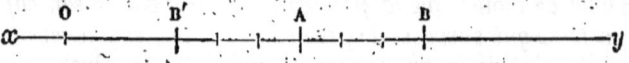

Par exemple, si l'on demande, sur une droite indéfinie xy, un point situé à $0^m,03$ d'un point donné A, on trouvera deux points satisfaisant à la question parce que la distance donnée peut être portée à *droite* ou à *gauche* du point A.

Pour distinguer ces deux points, on pourrait écrire

$$AB = 0^m,03 \text{ à } droite,$$
$$AB' = 0^m,03 \text{ à } gauche;$$

mais si l'on observe que AB tend à *augmenter* les distances comptées sur xy, à partir d'un point fixe O ou *origine* O, tandis que AB' tend à les *diminuer*, on est assez naturellement conduit aux deux conventions suivantes :

$$AB = + 0^m,03,$$
$$AB' = - 0^m,03.$$

De cette manière, le signe placé devant le nombre 0,03 indique l'*état* ou la *situation* de la grandeur *mesurée* par ce nombre*.

90. La considération précédente devient encore plus claire, si l'on imagine qu'un mobile se trouve, *depuis un temps indéfini*, sur la droite xy : pour marquer, tout à la fois, l'*espace* parcouru et le *sens* du mouvement, on place le signe + ou le signe — devant le nombre qui représente l'espace. Si le mobile a été de A en B, on dit qu'il a décrit, à partir du point A, $+ 0^m,03$; et si, revenant sur lui-même, il a été

---

* Cauchy a fait, il y a bien longtemps, cette remarque : « Le signe + ou —, placé devant un nombre, en modifie la signification, à peu près comme un adjectif modifie celle du substantif. »

ALGÈBRE.   157

de A en B', on dit qu'il a parcouru, toujours à partir du point A, — 0^m,03.

91. Quant à la raison pour laquelle on regarde comme *positives* les distances comptées *de gauche à droite,* et comme *négatives* celles qui sont comptées *de droite à gauche,* il n'y en a pas d'autre que l'usage. On aurait pu, tout aussi bien, adopter la convention contraire.

92. Nous pourrions citer beaucoup d'autres exemples dans lesquels l'emploi des signes + et —, pour indiquer la situation ou l'état des grandeurs, est, sinon nécessaire, du moins fort utile. Ainsi, suivant que la température donnée par un thermomètre est supérieure ou inférieure à 0, on la regarde comme *positive* ou comme *négative*; ainsi encore l'*actif* et le *passif* d'un négociant, le *gain* ou la *perte* d'un joueur, etc., sont commodément représentés par des quantités positives ou négatives.

93. Les développements dans lesquels nous venons d'entrer sont d'accord avec les règles du calcul algébrique, que nous avons données ci-dessus [26].

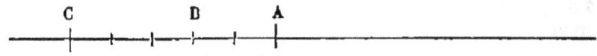

Par exemple, il résulte de ces règles que

$$(-2) + (-3) = -(2+3) = -5.$$

Pour vérifier ce résultat, observons que, si le mobile a parcouru 0^m,02 à partir du point A, en allant de droite à gauche, puis ensuite 0^m,03, toujours dans le même sens, il se trouve à 0^m,05 de ce point, c'est-à-dire en C.

Des cas d'impossibilité et d'indétermination.

94. Problème. — *Trouver un nombre dont la moitié, le tiers et le quart réunis, augmentés de* 7, *donnent le même résultat que les* $\frac{13}{12}$ *de ce nombre, augmentés de* 5.

L'équation du problème est

$$\frac{x}{2} + \frac{x}{3} + \frac{x}{4} + 7 = \frac{13}{12}x + 5. \qquad (1)$$

Elle donne

$$6x + 4x + 3x + 84 = 13x + 60;$$

puis, en transposant et réduisant,

$$0 = -24. \qquad (2)$$

Ce résultat, complétement absurde, prouve que l'équation (1), *qui équivaut* à l'équation (2), ne peut être vérifiée par aucune quantité, positive ou négative, mise à la place de x. D'ailleurs, cette équation (1) est celle du problème; donc celui-ci est absurde. En effet, l'énoncé proposé revient à celui-ci :

Trouver un nombre dont les $\frac{13}{12}$, augmentés de 7, donnent le même résultat que les $\frac{13}{12}$, augmentés de 5.

95. **Problème.** — *Trouver un nombre dont la moitié, le tiers et le quart réunis, augmentés de 7, donnent le même résultat que les $\frac{13}{12}$ de ce nombre, augmentés de 7.*

On a

$$\frac{x}{2} + \frac{x}{3} + \frac{x}{4} + 7 = \frac{13}{12}x + 7; \qquad (3)$$

d'où, en simplifiant,

$$0 = 0. \qquad (4)$$

Cette *identité* équivaut à l'équation (3) : donc celle-ci n'est pareillement qu'une identité; donc le problème proposé admet une *infinité de solutions*; c'est-à-dire qu'il est *indéterminé*.

Effectivement, ce problème pourrait être ainsi énoncé :

Trouver un nombre dont les $\frac{13}{12}$, augmentés de 7, donnent le même résultat que les $\frac{13}{12}$, augmentés de 7.

96. Les deux cas exceptionnels que nous venons de rencontrer sont les seuls que présente la résolution des équations du premier degré, *à une seule inconnue*. En effet, après la transposition et la réduction, il ne peut arriver que ces trois choses :

ALGÈBRE.

1° Ou les termes contenant l'inconnue ne se détruisent pas; alors l'équation prend la forme

$$ax = b;$$

d'où

$$x = \frac{a}{b},$$

valeur finie et déterminée, positive, négative ou nulle;

2° Ou bien les termes contenant l'inconnue se détruisent, tandis que les autres ne se détruisent pas : l'équation se réduit alors à

$$0 = b;$$

3° Ou enfin tous les termes se détruisent, et l'on trouve

$$0 = 0.$$

97. Quand un problème conduit à plusieurs équations, en nombre égal à celui des inconnues, il peut être *indéterminé* sans que les équations soient *identiques*, et *impossible* sans qu'elles se réduisent à

$$0 = b.$$

Prenons, par exemple, les deux équations

$$33x + 24y = 18, \qquad (1)$$
$$11x + 8y = 6. \qquad (2)$$

Si l'on élimine x, y se trouve éliminé en même temps, et l'on trouve

$$0 = 0.$$

Par conséquent, le système donné *équivaut* seulement à l'équation (1). En effet, l'équation (2) a été obtenue en divisant par 3 tous les coefficients de l'équation (1); donc elle n'ajoute rien aux conditions exprimées par cette dernière. En d'autres termes, les équations (1) et (2) *rentrent l'une dans l'autre*.

98. Prenons encore les deux équations

$$33x + 24y = 18, \qquad (3)$$
$$11x + 8y = 7. \qquad (4)$$

En éliminant x, on trouve

$$0 = -3.$$

L'impossibilité manifestée par ce résultat ne tient à aucune des équations (3) ou (4) en particulier, *car chacune d'elles admet une infinité de solutions;* mais cette impossibilité résulte de la coexistence des équations. En effet, le système proposé équivaut à

$$11x + 8y = 6,$$
$$11x + 8y = 7;$$

et demander de résoudre ce système, c'est demander qu'un même nombre soit égal à 6 et à 7.

Toutes les fois que des équations ne peuvent être vérifiées par un même système de valeurs attribuées aux inconnues, on dit qu'elles sont *incompatibles*.

99. On a vu ci-dessus [63] que, pour résoudre le système de plusieurs équations

$$A = 0,$$
$$B = 0,$$
$$C = 0,$$

on remplace ordinairement l'une d'elles par l'équation

$$mA + nB + pC = 0,$$

que l'on obtient en ajoutant membre à membre les proposées, après les avoir multipliées par des facteurs $m, n, p, \ldots$, indépendants des inconnues $x, y, z, \ldots$. Il résulte de là que le système des quatre équations

$$A = 0, B = 0, C = 0,$$
$$mA + nB + pC = 0,$$

serait indéterminé. Cependant, deux quelconques de ces équations peuvent être distinctes.

100. Semblablement, si l'on prend trois équations à quatre inconnues :

$$A = 0, B = 0, C = 0,$$

puis la relation

$$mA + nB + pC = a,$$

ALGÈBRE.

dans laquelle a est supposé différent de zéro, le système

$$A=0,\ B=0,\ C=0,$$
$$m A + n B + p C = a,$$

n'admet aucune solution, parce que *la quatrième équation est incompatible avec l'ensemble des trois premières*.

101. Remarque. — Si les seconds membres des équations proposées n'étaient pas *indépendants des inconnues*, les conclusions précédentes pourraient être en défaut. Par exemple, les équations

$$3x - 2y = z - 1,$$
$$5x + 3y = 16z + 3,$$
$$m(3x - 2y) + 5x + 3y = n(z-1) + 16z + 3,$$

dans lesquelles m, n sont des quantités *inégales*, se réduisent au système *déterminé* :

$$3x - 2y = 0,$$
$$z - 1 = 0,$$
$$5x + 3y = 16z + 3.$$

Elles donnent donc

$$x = 2,\quad y = 3,\quad z = 1.$$

102. Voici, comme exercice, deux systèmes à quatre inconnues; le premier est indéterminé, l'autre est impossible. Le lecteur pourra chercher comment, dans chacun d'eux, la quatrième équation a été formée au moyen des trois autres :

$$2x + 3y - 4z + 5t = 2,$$
$$7x + 2y + 3z + 4t = 3,$$
$$3x + 4y + z + 2t = 4,$$
$$5x - 7y - 11z + 13t = -8.$$

$$2x + 3y - 4z + 5t = 2,$$
$$7x + 2y + 3z + 4t = 3,$$
$$3x + 4y + z + 2t = 4,$$
$$4x - 5y - 7z + 9t = -5.$$

Résumé.

Une valeur négative, trouvée pour l'inconnue, indique ordinairement une impossibilité dans l'énoncé du problème.

Il y a plus : on peut souvent, au moyen de la valeur négative, rectifier l'énoncé du problème, de telle sorte que cette même valeur, prise positivement, satisfasse au nouvel énoncé.

A cet effet, si l'équation d'un problème donne une quantité négative $-a$ pour valeur de l'inconnue x, on change, dans cette équation, x en $-x$; puis, on examine quels sont les changements qu'il faut faire subir à l'énoncé primitif, pour que la nouvelle équation soit celle du problème modifié : la réponse au nouvel énoncé est la quantité positive a.

On peut employer les quantités positives ou négatives pour indiquer, tout à la fois, la mesure et la situation ou l'état des grandeurs. Ainsi, suivant qu'une distance est comptée à droite ou à gauche d'un point fixe, on affecte, du signe $+$ ou du signe $-$, le nombre qui mesure cette distance ; suivant que la température donnée par un thermomètre est supérieure ou inférieure à 0, on la regarde comme positive ou comme négative, etc.

Un problème est *impossible*, quand son équation ne peut être vérifiée par aucune quantité, positive ou négative, mise à la place de x.

Un problème est *indéterminé*, quand il admet une infinité de solutions.

Une équation à une inconnue ne peut présenter que ces deux cas d'exception. Il n'en est plus de même pour n équations entre n inconnues.

CHAPITRE IV.

Discussion des formules qui résolvent un système d'équations du premier degré à deux inconnues (106-115). — Exercices (105).

Équations générales à deux inconnues.

103. Soient les deux *équations générales du premier degré, à deux inconnues*,

$$ax + by = c, \qquad (1)$$
$$a'x + b'y = c', \qquad (2)$$

dans lesquelles a, b, c, a', b', c' représentent des quantités données.

ALGÈBRE.   163

Pour trouver la valeur de x, employons l'*élimination par réduction*, c'est-à-dire multiplions l'équation (1) par b', l'équation (2) par b, et retranchons membre à membre ; il nous viendra

$$(ab' - ba')\, x = cb' - bc'\,;\qquad (a)$$

d'où, en supposant $ab' - ba'$ différent de zéro,

$$x = \frac{cb' - bc'}{ab' - ba'}.\qquad (3)$$

Un calcul semblable donne

$$y = \frac{ac' - ca'}{ab' - ba'}.\qquad (4)$$

104. Les expressions (3) et (4) sont les *formules générales pour la résolution d'un système d'équations du premier degré, à deux inconnues*. Afin de faciliter l'application de ces formules on les remplace par les deux règles générales suivantes, qui en résultent :

1° *Le dénominateur commun des valeurs des inconnues est égal à la différence des produits en croix des coefficients de ces inconnues, dans les équations proposées ;*

2° *Le numérateur de la valeur de chaque inconnue se déduit du dénominateur commun, en remplaçant le coefficient de cette inconnue par le terme tout connu, pris dans le second membre de l'équation considérée.*

105. **Exemple.** — Soient les deux équations

$$13\,x + 25\,y = 104,$$
$$19\,x - 7\,y = 17.$$

En appliquant les deux règles, on trouve

$$x = \frac{25 \cdot 17 + 104 \cdot 7}{25 \cdot 19 + 13 \cdot 7} = \frac{425 + 707}{475 + 91} = \frac{1132}{566} = 2,$$

$$y = \frac{104 \cdot 19 - 13 \cdot 17}{25 \cdot 19 + 13 \cdot 7} = \frac{1949 - 221}{566} = \frac{1698}{566} = 3.$$

Discussion des formules générales.

106. Si le dénominateur commun $ab' - ba'$ n'est pas nul, les formules (3) et (4) donnent, pour x et pour y, des valeurs *finies et déterminées*, *positives* ou *négatives*, qui vérifient les équations proposées. Examinons ce que deviennent ces formules, quand les coefficients a, b, a', b', *supposés différents de zéro*, satisfont à l'*équation de condition* $ab' - ba' = 0$. Cette discussion se partage naturellement en deux cas principaux, parce que le numérateur de la valeur d'une inconnue, de x par exemple, peut être égal à zéro ou différent de zéro.

107. *Premier cas.*

$$cb' - bc' = 0, \text{ avec } ab' - ba' = 0.$$

La valeur de x *se présente sous la forme* $\dfrac{0}{0}$. Avant de chercher la signification de ce *symbole*, faisons voir que la *valeur de* y *se présente sous la même forme*.

En effet, les deux équations

$$cb' - bc' = 0, \quad ab' - ba' = 0$$

équivalent à

$$cb' = bc',$$
$$ab' = ba'.$$

Divisant membre à membre*, on trouve

$$\frac{c}{a} = \frac{c'}{a'};$$

d'où

$$ac' - ca' = 0.$$

108. Cela posé, observons que la formule (3) a été tirée de l'équation (a) en supposant $ab' - ba' \gtrless 0$**, et que cette

---

* Cette division est permise, puisque les quantités a, b, a', b' sont différentes de zéro.

** L'inégalité $ab' - ba' < 0$ signifie, sous une forme abrégée, que $ab' - ba'$ est une quantité négative : en réalité, rien n'est plus petit que zéro.

équation, pour les hypothèses de $ab' - ba' = 0$, $cb' - bc' = 0$, se réduit à l'*identité* $0 = 0$.

Conséquemment, nous sommes en droit de regarder l'expression $\frac{0}{0}$ comme étant le *symbole de l'indétermination*.

109. On peut vérifier, d'une manière bien simple, que le système des équations (1), (2) devient indéterminé, quand les *constantes* a, b, c, a', b', c' satisfont aux conditions

$$ab' - ba' = 0, \quad cb' - bc' = 0.$$

En effet, ces deux dernières égalités équivalent à la *suite de rapports égaux* :

$$\frac{a'}{a} = \frac{b'}{b} = \frac{c'}{c},$$

de sorte qu'en désignant par k la valeur commune de ces rapports, on a, au lieu de l'équation (2),

$$(ax + by)k = ck,$$

c'est-à-dire l'équation (1), dont on aurait multiplié les deux membres par k. Le système donné se réduit donc à cette dernière équation.

110. *Second cas.*

$$cb' - bc' \gtrless 0, \text{ avec } ab' - ba' = 0.$$

La valeur de x se présente sous la forme $\frac{m}{0}$, m n'étant pas nul. On verra, par un calcul analogue à celui qui précède [108], que *la valeur de* y *se présente sous la même forme*.

111. Pour interpréter le symbole $\frac{m}{0}$, reportons-nous encore à l'équation (a). Quand on y suppose $cb' - bc' = d$, $ab' - ba' = 0$, on trouve $0 = d$; d'où l'on conclut que les équations (1), (2) sont incompatibles [98]. L'expression $\frac{m}{0}$, à laquelle se réduit la valeur générale de x pour les mêmes hypothèses, peut donc être regardée comme *le symbole de l'incompatibilité, ou de l'impossibilité*.

112. De
$$cb' - bc' \gtrless 0, \quad ab' - ba' = 0,$$
on conclut
$$\frac{a}{a'} = \frac{b}{b'} \gtrless \frac{c}{c'};$$

en sorte que l'équation (2) a été formée en multipliant, par un facteur k, le premier membre de l'équation (1), et en multipliant le second membre par un facteur k', différent de k. Les équations (1) et (2) sont donc, en effet, incompatibles quand la valeur de x se présente sous la forme $\frac{m}{0}$.

113. On dit souvent que $\frac{m}{0}$ est le *symbole de l'infini*. Voici la raison de cette dénomination.

Supposons que les coefficients a', b, b' étant constants, on détermine le coefficient a par la relation
$$ab' - ba' = \delta,$$
δ étant une fraction très-petite. Les formules (3) deviendront, à cause de
$$a = \frac{ab' + \delta}{b'} :$$
$$x = \frac{cb' - bc'}{\delta}, \quad y = \frac{c'\delta - (cb' - bc')a'}{b'\delta}.$$

Dans ces deux fractions, *tout est constant*, à l'exception de δ. Si donc l'on fait décroître indéfiniment ce diviseur, les valeurs absolues des quotients x et y croîtront indéfiniment; et, quand on supposera δ suffisamment petit, ces mêmes quotients pourront surpasser des nombres quelconques donnés. C'est ce qu'on exprime en disant que x et y peuvent devenir *infinis*. L'expression $\frac{m}{0}$ est donc *le symbole de l'infini*.

114. Au lieu de $\frac{m}{0}$, on peut employer le symbole ∞, qui a la même signification.

ALGÈBRE.

115. Nous venons de voir que *les valeurs de* x *et de* y *sont, en même temps, indéterminées ou infinies* quand les coefficients a, b, a', b', supposés finis, satisferont à la condition $ab' - ba' = 0$. Il n'en serait plus de même si le dénominateur $ab' - ba'$ se réduisait à zéro par suite de l'annulation de quelques-uns des coefficients.

Supposons, par exemple, $a = 0$ et $a' = 0$. Les formules (3) et (4) deviennent

$$x = \frac{m}{0}, \quad y = \frac{0}{0}.$$

Ainsi, *l'une des valeurs est infinie, et l'autre est indéterminée*, ou plutôt *elle paraît indéterminée*. Pour reconnaître si cette indétermination est réelle, supposons qu'avant de faire $a = 0$, $a' = 0$, on ait donné, à ces deux coefficients, des valeurs très-petites, dont le rapport, *constant ou variable*, soit représenté par k. Nous aurons, au lieu des formules (3) et (4),

$$x = \frac{cb' - bc'}{a(b' - bk)}, \quad y = \frac{a(c' - ck)}{a(b' - bk)} = \frac{c' - ck}{b' - bk},$$

en supprimant le facteur commun a. Si donc cette variable décroît indéfiniment, nous aurons, *en passant à la limite*,

$$x = \frac{m}{0}, \quad y = \lim \frac{c' - ck}{b' - bk}.$$

On voit que *la valeur de* x *est réellement infinie*, et que celle de y *dépend de la loi suivant laquelle on a fait décroître* a *et* a'.

Si l'on reprend directement les équations (1) et (2), on arrive aux mêmes conclusions.

Résumé.

Le dénominateur commun des valeurs des inconnues est égal à la différence des produits en croix des coefficients de ces inconnues, dans les équations proposées.

Le numérateur de la valeur de chaque inconnue se déduit du dénominateur commun, en remplaçant les coefficients de cette inconnue par les termes tout connus, pris dans le second membre de l'équation considérée.

Si le dénominateur commun $ab' - ba'$ n'est pas nul, les formules générales donnent, pour x et pour y, des valeurs finies et déterminées, positives ou négatives, qui vérifient les équations proposées.

Les valeurs de x et de y sont, en même temps, indéterminées ou infinies, quand les coefficients a, b, a', b', supposés finis, satisfont à la condition $ab' - ba' = 0$. Il n'en est plus de même si le dénominateur $ab' - ba'$ s'annule par suite de l'annulation de quelques-uns des coefficients.

CHAPITRE V.

Équation du second degré à une inconnue (116-135). — Double solution (118, 119). — Valeurs imaginaires (118-131).

Formes de l'équation du second degré à une inconnue.

116. L'équation la plus générale du second degré peut toujours être ramenée à la forme

$$ax^2 + bx + c = 0,$$

dans laquelle les quantités connues b et c peuvent avoir des valeurs quelconques. Quant au coefficient connu a, il doit être différent de zéro, sans quoi l'équation ne serait plus du second degré.

117. Pour simplifier, divisons tous les termes par a; nous aurons, en représentant $\frac{b}{a}$ par p, et $\frac{c}{a}$ par q:

$$x^2 + px + q = 0.$$

C'est à cette équation *réduite* que se rapportent les *relations entre les coefficients et les racines*, que nous démontrerons plus loin.

Résolution de l'équation $x^2 + px + q = 0$.

118. Avant de résoudre cette équation générale, nous examinerons les différents cas particuliers dans lesquels $p = 0$.

1° $\qquad\qquad p = 0, q < 0.$

ALGÈBRE.

Le terme tout connu étant négatif, on peut le représenter par $-a^2$[*], et l'on trouve

$$x^2 - a^2 = 0\,[**],$$

ou

$$x^2 = a^2.$$

Cette équation donne, non-seulement $x = +a$, mais encore $x = -a$, parce que a^2 est le carré de $-a$ aussi bien que le carré de $+a$. Ainsi, *la racine carrée d'une quantité positive a deux valeurs, égales et de signes contraires.* En d'autres termes, l'équation $x^2 = a^2$ a deux racines égales et de signes contraires, données par la formule

$$x = \pm a.$$

2° $\qquad p = 0,\ q = 0.$

L'équation se réduit à

$$x^2 = 0.$$

Celle-ci doit être regardée comme ayant *deux racines égales à zéro.* En effet, $x^2 = x \cdot x$; et ce produit s'annule si l'on égale à zéro l'un *ou* l'autre de ses facteurs.

3° $\qquad p = 0,\ q > 0.$

L'équation proposée revient à

$$x^2 + a^2 = 0,$$

en posant $q = +a^2$. Quelle que soit la *quantité* que l'on mette à la place de x, le binôme $x^2 + a^2$ sera positif; donc l'équation $x^2 + a^2 = 0$ exprime une impossibilité, et elle n'a ni racine positive ni racine négative. Néanmoins, si l'on con-

---

[*] Pour justifier cette proposition, il suffit d'observer que le carré d'une quantité quelconque, positive ou négative, est positif. Si, par exemple, $q = -7$, on fera $a = \sqrt{7}$, le radical ayant le sens qu'on lui attribue en arithmétique.

[**] Si, au lieu de faire passer $-a^2$ dans le second membre, on décompose $x^2 - a^2$ en $(x+a)(x-a)$, on obtient

$$(x+a)(x-a) = 0.$$

Or, pour que le produit $(x+a)(x-a)$ soit égal à zéro, il faut qu'un de ses deux facteurs soit nul; donc $x + a = 0$, ou $x - a = 0$.

vient de traiter cette équation par les règles précédentes, on arrive à

$$x = \pm \sqrt{-a^2} :$$

le symbole $\sqrt{-a^2}$ est ce qu'on appelle *une expression imaginaire*.

119. Reprenons à présent l'équation

$$x^2 + px + q = 0.$$

On la résout avec la même facilité que

$$x^2 + q = 0,$$

si l'on observe que x^2 et $+px$ sont *les deux premiers termes du carré de* $x + \frac{1}{2}p$. Ajoutons donc $\frac{1}{4}p^2$ aux deux membres, *afin de compléter ce carré*; faisons passer q dans le second membre, et nous trouvons

$$(x + \frac{1}{2}p)^2 = \frac{1}{4}p^2 - q ;$$

d'où, en extrayant la racine de part et d'autre,

$$x = \frac{1}{2}p = \pm \sqrt{\frac{1}{4}p^2 - q},$$

et enfin

$$x = -\frac{1}{2}p \pm \sqrt{\frac{1}{4}p^2 - q}. \qquad (1)$$

120. Cette formule s'énonce ainsi :

Quand l'équation du second degré est ramenée à la forme x² + px + q = 0, *la valeur de l'inconnue est égale à la moitié du coefficient de* x, *pris en signe contraire, plus ou moins la racine carrée du carré de cette moitié, diminué du terme tout connu.*

ALGÈBRE.   171

121. Dans la pratique, il est commode de ne pas faire la division indiquée ci-dessus [117]. Cherchons donc la formule relative à l'équation la plus générale :

$$ax^2 + bx + c = 0.$$

Nous pourrions arriver à cette formule en remplaçant, dans celle que nous avons trouvée tout à l'heure, p par $\dfrac{b}{a}$ et q par $\dfrac{c}{a}$; mais il vaut mieux résoudre directement. A cet effet, multiplions par $4a$ tous les termes de l'équation; il nous viendra

$$4a^2x^2 + 4abx + 4ac = 0.$$

Or, $4a^2x^2$ et $4abx$ sont les deux premiers termes du carré de $2ax + b$; donc, en *complétant* ce carré, nous aurons

$$(2ax + b)^2 = b^2 - 4ac;$$

d'où

$$x = \frac{-b \pm \sqrt{b^2 - 4ac}}{2a}. \qquad (2)$$

Cette nouvelle formule, traduite en langue ordinaire, signifie que :

La valeur de l'inconnue est égale au coefficient de x, *pris en signe contraire, plus ou moins la racine carrée du carré de ce coefficient, diminué de quatre fois le produit des coefficients extrêmes ; le tout divisé par le double du coefficient de* x^2.

122. Remarque. — Si le coefficient b, supposé entier, a la forme $2b'$, la formule précédente se réduit à

$$x = \frac{-b' \pm \sqrt{b'^2 - ac}}{a}. \qquad (3)$$

Applications.

123. Premier exemple. Soit l'équation

$$x^2 + 12x - 85 = 0.$$

La formule (1) donne

$$x = -6 \pm \sqrt{36+85} = -6 \pm 11,$$

ou, en *séparant* les deux racines :

$$x' = 5, \quad x'' = -17.$$

124. Deuxième exemple.

$$\frac{x+a}{x-a} + \frac{x+b}{x-b} + 2\frac{a^2 - 6ab + b^2}{(a+b)(a-3b)} = 0.$$

Pour résoudre cette équation, commençons par chasser les dénominateurs; nous aurons

$$(a+b)(a-3b)[(x+a)(x-b) + (x-a)(x+b)]$$
$$+ 2(a^2 - 6ab + b^2)(x-a)(x-b) = 0;$$

ou, en effectuant, et en supprimant le facteur 2,

$$(a+b)(a-3b)(x^2-ab) + (a^2-6ab+b^2)[x^2-(a+b)x+ab] = 0;$$

puis, en réduisant et ordonnant,

$$2(a^2-4ab-b^2)x^2 - (a+b)(a^2-6ab+b^2)x - 4ab^2(a-b) = 0.$$

La formule (2) donne ensuite

$$x = \frac{(a+b)(a^2-6ab+b^2) \pm \sqrt{A}}{4(a^2-4ab-b^2)},$$

en posant

$$A = (a+b)^2(a^2-6ab+b^2)^2 + 32ab^2(a-b)(a^2-4ab-b^2).$$

Cette dernière quantité, étant développée, devient

$$A = a^6 - 10a^5b + 47a^4b^2 - 108a^3b^3 + 111a^2b^4 + 22ab^5 + b^6.$$

Par un calcul dont nous ne pouvons parler ici, on trouve que le polynôme A est le carré de

$$a^3 - 5a^2b + 11ab^2 + b^3,$$

ainsi qu'on le vérifie aisément.

ALGÈBRE.   173

En mettant ce nouveau polynôme à la place de $\sqrt{A}$, nous aurons

$$x = \frac{(a^3-5a^2b-5ab^2+b^3) \pm (a^3-5a^2b+11ab^2+b^3)}{4(a^2-4ab-b^2)};$$

ou bien, en séparant les deux racines :

$$x' = \frac{a^3-5a^2b+3ab^2+b^3}{2(a^2-4ab-b^2)} = \frac{1}{2}(a-b),$$

$$x'' = -4\frac{ab^2}{a^2-4ab-b^2}.$$

125. Troisième exemple.

$$\frac{a}{x-a} + \frac{b}{x-b} + \frac{c}{x-c} = 0.$$

En chassant les dénominateurs, on trouve d'abord

$$a(x-b)(x-c) + b(x-a)(x-c) + c(x-a)(x-b) = 0 ;$$

puis, en effectuant, réduisant et ordonnant,

$$(a+b+c)x^2 - 2(ab+bc+ac)x + 3abc = 0.$$

La formule (3) donne ensuite

$$x = \frac{ab+bc+ac \pm \sqrt{(ab+bc+ac)^2 - 3(a+b+c)abc}}{a+b+c},$$

ou

$$x = \frac{ab+bc+ac \pm \sqrt{a^2b^2+b^2c^2+a^2c^2-(a+b+c)abc}}{a+b+c}.$$

126. Quatrième exemple.

$$\frac{353x+29\,297}{6\,004\,841-896\,751\,x} + \frac{29\,678\,311\,x+1\,987\,609}{4\,537\,274\,x+570\,849} = \frac{3\,169\,557}{540\,809}.$$

10.

Faisant disparaître les dénominateurs, et simplifiant, on arrive à

$$139\,515\,976\,423\,523\,057\,x^2$$
$$-\,1\,094\,321\,952\,434\,878\,776\,x$$
$$+\,954\,805\,976\,014\,355\,749 = 0.$$

Les deux racines de cette équation sont

$$x' = 1, \quad x'' = \frac{954\,805\,976\,014\,355\,749}{139\,515\,976\,423\,523\,057}*.$$

Décomposition de $x^2 + px + q$ en facteurs du premier degré.

127. Pour résoudre l'équation

$$x^2 + px + q = 0, \qquad (1)$$

nous l'avons mise sous la forme

$$\left(x + \frac{1}{2}p\right)^2 = \frac{1}{4}p^2 - q.$$

Par la définition de la racine carrée, on a

$$\frac{1}{4}p^2 - q = \left(\sqrt{\frac{1}{4}p^2 - q}\right)^2,$$

lors même que la quantité placée sous le radical est négative. Le trinôme $x^2 + px + q$ est donc, *identiquement*, égal à

$$\left(x + \frac{1}{2}p\right)^2 - \left(\sqrt{\frac{1}{4}p^2 - q}\right)^2.$$

Une différence de carrés est toujours décomposable en deux facteurs [43]; donc

$$x^2 + px + q = \left(x + \frac{1}{2}p - \sqrt{\frac{1}{4}p^2 - q}\right)\left(x + \frac{1}{2}p + \sqrt{\frac{1}{4}p^2 - q}\right).$$

---

* Nous engageons les élèves à effectuer les calculs.

ALGÈBRE.

Pour simplifier le second membre, représentons par x' et x'' les deux racines de l'équation (1), savoir :

$$x' = -\frac{1}{2}p + \sqrt{\frac{1}{4}p^2 - q},$$

$$x'' = -\frac{1}{2}p - \sqrt{\frac{1}{4}p^2 - q},$$

et nous aurons enfin

$$x^2 + px + q = (x-x')(x-x'').$$

Ainsi, *le trinôme* $x^2 + px + q$ *est identiquement égal au produit des deux facteurs binômes que l'on obtient en retranchant de x chacune des deux racines de l'équation* $x^2 + px + q = 0$.

128. Remarque. — On arrive au même résultat en observant que $x^2 + px + q = 0$ équivaut à la double équation

$$x = -\frac{1}{2}p \pm \sqrt{\frac{1}{4}p^2 - q}.$$

Relations entre les coefficients et les racines.

129. De l'*identité*

$$x^2 + px + q = (x-x')(x-x''),$$

on conclut, en effectuant le produit indiqué :

$$p = -(x' + x''),$$
$$q = x'x'';$$

c'est-à-dire que :

Dans toute équation de la forme $x^2 + px + q = 0$: 1° *la somme des racines est égale au coefficient de* x, *pris en signe contraire;* 2° *le produit des racines est égal au terme tout connu.*

130. Remarque. — Ces deux théorèmes, très-importants, résultent aussi des valeurs de x' et x'', écrites plus haut.

Discussion de l'équation $x^2 + px + q = 0$.

131. Reprenons la formule

$$x = -\frac{1}{2}p \pm \sqrt{\frac{1}{4}p^2 - q}.$$

Trois cas principaux sont à considérer :

1° $\frac{1}{4}p^2 - q > 0$. La quantité placée sous le radical étant positive, ce radical est réel ; par conséquent l'équation proposée a ses *racines réelles et inégales*.

2° $\frac{1}{4}p^2 - q = 0$. Le radical s'annule ; donc les racines sont *réelles et égales*.

3° $\frac{1}{4}p^2 - q < 0$. Le radical portant sur une quantité négative, nous rentrons dans un cas examiné précédemment [118] : on dit que l'équation a ses racines *imaginaires*.

132. En discutant l'équation $x^2 + q = 0$ [118], nous avons vu que le premier membre est la différence de deux carrés, ou un carré, ou la somme de deux carrés, suivant que cette équation a ses racines réelles et inégales, ou égales, ou imaginaires. Les mêmes remarques s'appliquent à l'équation $x^2 + px + q = 0$. En effet :

1° Si

$$\frac{1}{4}p^2 - q \text{ est } > 0,$$

on peut poser

$$q = \frac{1}{4}p^2 - m^2 ;$$

donc

$$x^2 + px + q = (x + \frac{1}{2}p)^2 - m^2 :$$

quand l'équation $x^2 + px + q = 0$ a ses racines réelles et inégales, le premier membre est la différence de deux carrés.

ALGÈBRE.   177

2° Si
$$\frac{1}{4}p^2 - q = 0,$$

$$q = \frac{1}{4}p^2, \text{ et } x^2 + px + q = (x + \frac{1}{2}p)^2 :$$

quand l'équation $x^2 + px + q = 0$ a ses racines égales, le premier membre est un carré.

3° Enfin, l'hypothèse
$$\frac{1}{4}p^2 - q < 0$$

donne
$$q = \frac{1}{4}p^2 + m^2,$$

puis
$$x^2 + px + q = (x + \frac{1}{2}p)^2 + m^2.$$

Ainsi, *quand l'équation* $x^2 + px + q = 0$ *a ses racines imaginaires, le premier membre est la somme de deux carrés.*

133. Quelle que soit la valeur attribuée à x, la quantité $(x + \frac{1}{2}p)^2 + m^2$ *est positive, et au moins égale à* m^2; donc en demandant qu'elle devienne égale à zéro, on propose une impossibilité. Par conséquent, *un problème qui conduit à une équation du second degré dont les racines sont imaginaires, est ordinairement impossible.*

134. Revenons au cas le plus important, celui dans lequel l'équation considérée a ses racines réelles et inégales. Il se décompose en trois autres :

$$q < 0, \quad q = 0, \quad q > 0 \text{ et } < \frac{1}{4}p^2.$$

Afin de voir plus aisément quels sont, pour ces diverses hypothèses, les signes des racines, reprenons les deux relations
$$x'x'' = q, \quad x' + x'' = -p.$$

1° $q < 0$. Le produit des racines est négatif; donc elles ont des *signes contraires*. Et comme leur somme doit être de même signe que la plus grande, il s'ensuit que *la plus grande racine* (en valeur absolue) *a un signe contraire à celui de* p.

2° $q = 0$. Le produit $x'x''$ étant égal à zéro, *l'une des racines est nulle, et l'autre est égale à* $-p$. C'est ce que l'on reconnaît directement, en mettant l'équation sous la forme $x(x+p) = 0$.

3° $q > 0$ et $< \frac{1}{4}p^2$. Le produit des deux racines étant positif et ces deux racines étant réelles, elles ont *même signe*. De plus, chacune d'elles a *un signe contraire à celui de* p.

135. Remarque. — Quand le dernier terme de l'équation $x^2 + px + q = 0$ est négatif, les deux racines sont nécessairement réelles.

Résumé.

L'équation la plus générale du second degré peut toujours être ramenée à la forme
$$ax^2 + bx + c = 0,$$
que l'on réduit à celle-ci :
$$x^2 + px + q = 0.$$

C'est à cette équation *réduite* que se rapportent les relations entre les coefficients et les racines.

Quand l'équation du second degré est ramenée à la seconde forme, la valeur de l'inconnue est égale à la moitié du coefficient de x, pris en signe contraire, plus ou moins la racine carrée du carré de cette moitié, diminué du terme tout connu.

Lorsque l'équation a la première forme, la valeur de l'inconnue est égale au coefficient de x, pris en signe contraire, plus ou moins la racine carrée du carré de ce coefficient, diminué de quatre fois le produit des coefficients extrêmes; le tout divisé par le double du coefficient de x^2.

Le trinôme $x^2 + px + q$ est identiquement égal au produit des deux facteurs binômes que l'on obtient en retranchant de x chacune des deux racines de $x^2 + px + q = 0$.

Dans toute équation de la forme $x^2 + px + q = 0$: 1° la somme des racines est égale au coefficient de x, pris en signe contraire ; 2° le produit des racines est égal au terme tout connu.

Cette même équation a ses racines réelles et inégales, ou réelles et égales, ou imaginaires, suivant que le binôme $\frac{1}{4}p^2 - q$ est positif, nul ou négatif.

ALGÈBRE. 179

Le cas dans lequel l'équation considérée a ses racines réelles et inégales se décompose en trois autres: $q < 0$, $q = 0$, $q > 0$ et $< \frac{1}{4} p^2$.

1° $q < 0$. Les racines sont de signes contraires; la plus grande racine (en valeur absolue) a un signe contraire à celui de p.

2° $q = 0$. L'une des racines est nulle; l'autre est égale à $-p$.

3° $q > 0$ et $< \frac{1}{4} p^2$. Les deux racines sont de même signe. De plus, chacune d'elles a un signe contraire à celui de p.

CHAPITRE VI.

Propriétés des trinômes du second degré (136-140). — Des questions de maximum et de minimum qui peuvent se résoudre par les équations du second degré (141-150).

Propriétés des trinômes du second degré.

136. Représentons par x, non plus une inconnue, mais une *variable indépendante*, à laquelle on puisse attribuer des valeurs quelconques, positives ou négatives. Représentons en même temps par y* une autre variable, liée à x par l'équation

$$y = ax^2 + bx + c.$$

Pour chaque valeur réelle attribuée à x, *il y aura une valeur réelle correspondante de* y, *et une seule*. Il s'agit d'examiner comment varie y, quand on fait varier x de $-\infty$ à $+\infty$**.

Pour faciliter la discussion, nous représenterons par p et q les rapports $\frac{b}{a}$ et $\frac{c}{a}$, ce qui donne

$$y = a(x^2 + px + q).$$

De plus, pour fixer les idées, nous supposerons a positif.

---

* Pour exprimer, d'une manière générale, qu'une variable y dépend d'une variable indépendante x, on dit que y est *fonction* de x.
** Quand on dit que x varie de *moins l'infini* à *plus l'infini*, cela signifie que x est supposé prendre, successivement, toutes les valeurs comprises entre $-N$ et $+N'$, N et N' étant deux nombres *aussi grands qu'on le voudra*.

Cela posé, cherchons d'abord s'il existe des valeurs réelles de x qui annulent y, c'est-à-dire résolvons l'équation

$$x^2 + px + q = 0.$$

137. Premier cas. — *L'équation* $x^2 + px + q = 0$ *a ses racines réelles et inégales.*

Soient x' et x'' ces deux racines, x' étant la plus petite *. Le trinôme $x^2 + px + q$ est égal au produit des deux facteurs réels $x - x'$, $x' - x''$; donc

$$y = a(x - x')(x - x'').$$

A présent, faisons varier x, de $-\infty$ à $+\infty$.

1° Tant que nous aurons $x < x'$, les deux facteurs $x - x'$, $x - x''$ seront négatifs : donc leur produit sera positif, et *le trinôme aura le signe de son premier terme* ax^2. En outre si nous attribuons à x une valeur négative $-N$, suffisamment grande, la valeur numérique de y pourra être rendue aussi grande que nous le voudrons. C'est ce qu'on exprime en disant que, pour $x = -\infty$, $y = +\infty$ (a étant supposé positif).

2° $x = x'$ donne $y = 0$.

3° Supposons que x, ayant continué à croître, ait dépassé x', mais sans atteindre x''. Alors les facteurs $x - x'$, $x - x''$ étant de signes contraires, leur produit est négatif : donc *le trinôme* $ax^2 + bx + c$ *a un signe contraire à celui de son premier terme.*

4° Pour $x = x''$, y redevient égal à zéro.

5° Si nous faisons $x > x''$, les différences $x - x'$, $x - x''$ étant positives, leur produit est positif : donc y *reprend le signe de son premier terme.* En outre, ces deux différences croissant au delà de toute limite, il en est de même pour leur produit, et aussi pour y. Ainsi $x = +\infty$ donne $y = +\infty$.

138. Deuxième cas. — *L'équation* $x^2 + px + q = 0$ *a ses racines réelles et égales.*

---

* Quels que soient les signes de deux quantités réelles a et b, on regarde la seconde comme *plus petite* que la première, quand la différence $a - b$ est positive. En d'autres termes, les deux inégalités

$$a > b, \ a - b > 0,$$

sont équivalentes.

ALGÈBRE.

Le trinôme $x^2 + px + q$ a la forme $(x - x')^2$: donc

$$y = a(x - x')^2.$$

Tant que x diffère de x', y a le signe de a, c'est-à-dire le signe de ax^2. De plus, pour $x = x'$, $y = 0$. Enfin, $x = \pm\infty$ donne $y = \infty$.

139. Troisième cas. — *L'équation* $x^2 + px + q = 0$ *a ses racines imaginaires.*

Nous avons vu ci-dessus que le trinôme $x^2 + px + q$ peut être mis sous la forme $(x + \frac{1}{2}p)^2 + m^2$; conséquemment

$$y = a[(x + \frac{1}{2}p)^2 + m^2].$$

Quelle que soit la valeur attribuée à x, la quantité entre parenthèses est positive : donc le trinôme $ax^2 + bx + c$ a toujours le signe de son premier terme. D'ailleurs, pour $x = \pm\infty$, $y = \infty$.

140. En résumé :

1° *Si l'équation* $ax^2 + bx + c = 0$ *a ses racines réelles et inégales, le premier membre passe deux fois par zéro, et change deux fois de signe quand* x *varie entre* $-\infty$ *et* $+\infty$;

2° *L'équation ayant ses racines réelles et égales, le trinôme* $ax^2 + bx + c$ *passe une seule fois par zéro, et ne change pas de signe ;*

3° *Enfin, si l'équation a ses racines imaginaires, le trinôme* $ax^2 + bx + c$ *ne passe pas par zéro, et ne change pas de signe, quand* x *varie entre* $-\infty$ *et* $+\infty$;

4° *Dans les trois cas, à partir de certaines valeurs de* x, *suffisamment grandes, positives ou négatives, le trinôme prend le signe de son premier terme, et sa valeur croît au delà de toute limite.*

Des questions de maximum et de minimum.

141. Considérons une *variable indépendante* y, et une autre variable x *fonction de* y, liées par une équation de degré supérieur au premier. Supposons que les valeurs de x, au lieu d'être

1. *Arithmétique.*

réelles pour toutes les valeurs attribuées à y, soient tantôt réelles et tantôt imaginaires ; de telle sorte que, par exemple :

$$\text{pour } y \quad < a, \quad x \text{ soit imaginaire,}$$

$$\text{pour } y \begin{Bmatrix} > a \\ < b \end{Bmatrix}, \quad x \text{ soit réelle,}$$

$$\text{pour } y \begin{Bmatrix} > b \\ < c \end{Bmatrix}, \quad x \text{ soit imaginaire,}$$

$$\text{pour } y \begin{Bmatrix} > c \\ < d \end{Bmatrix}, \quad x \text{ soit réelle,}$$

. . . .

D'après ces diverses hypothèses, les valeurs réelles et croissantes de y qui rendent x réelle se partageront en plusieurs séries commençant respectivement par $a, c, \ldots$, et finissant par $b, d, \ldots$. Pour cette raison, l'on dit que $a, c, \ldots$ sont des *minimums* de y, et $b, d, \ldots$, des *maximums* de cette variable*. En d'autres termes :

Quand une fonction x *est réelle pour toutes les valeurs de la variable indépendante* y *comprises dans une certaine série, on appelle* MINIMUM *et* MAXIMUM *de* y *la plus petite et la plus grande de ces mêmes valeurs***.

142. Remarque. — 1° *Une même variable* y *peut avoir plusieurs minimums et plusieurs maximums.* 2° *Si la fonction* x *est réelle pour toutes les valeurs attribuées à* y, *cette dernière variable n'a ni maximum ni minimum.*

143. Pour trouver le maximum ou le minimum d'une fonction de x, donnée, on égale cette fonction à une variable y ; on

---

* « Les mots *maximum* et *minimum*, ayant passé du latin dans la langue française, ne doivent plus se décliner que par les articles : c'est pourquoi je n'écrirai pas les *maxima*, les *minima*, les questions *de maximis et de minimis*; seulement, pour indiquer le pluriel, je mettrai les *maximums*, les *minimums*, puisqu'on écrit déjà les *factums*. » (LACROIX, *Traité du calcul différentiel et du calcul intégral*, tome Ier, 1810.)

** Quelques notions sur le *calcul des dérivées* rendent la théorie qui nous occupe très simple et très générale. Pour nous conformer au Programme, nous avons dû modifier la définition naturelle du *maximum* et du *minimum*, de manière à pouvoir faire dépendre cette théorie de la résolution des équations du second degré.

6.

résout l'équation par rapport à x*, et l'on cherche entre quelles limites doit varier y, pour que x soit réelle : ces limites sont les maximums ou les minimums demandés.

Applications.

144. Problème I. — *Décomposer une somme a en deux parties dont le produit soit maximum.*

Appelons x la différence des deux parties : l'une d'elles sera $\frac{a}{2}+\frac{x}{2}$, et l'autre, $\frac{a}{2}-\frac{x}{2}$ [76]. Conséquemment, la fonction dont il s'agit de trouver le maximum est $\frac{1}{4}(a^2-x^2)$. En la représentant par y, nous aurons

$$x = \sqrt{a^2-4y}.$$

Cette expression sera réelle ou imaginaire, suivant que $4y$ sera inférieur ou supérieur à a^2. Le *maximum* cherché est donc $y = \frac{1}{4}a^2$; d'où $x = 0$. Ainsi,

*Le produit de deux facteurs positifs ayant une somme donnée, est maximum quand ces facteurs sont égaux entre eux***.

145. Remarque. — Pour suivre la règle générale indiquée ci-dessus, nous avons résolu, par rapport à x, l'équation $y = \frac{1}{4}(a^2-x^2)$; mais cela n'était pas nécessaire. Il est évident, en effet, que la plus grande valeur du binôme a^2-x^2 répond à $x = 0$.

146. Problème II. — *Déterminer le maximum ou le minimum de la fraction* $\frac{3x^2-3x+1}{5x^2-4x+1}$.

L'équation

$$y = \frac{3x^2-3x+1}{5x^2-4x+1} \qquad (1)$$

---

* Nous supposons ici que l'équation contient x au second degré seulement.

** Le théorème est vrai pour un nombre quelconque de facteurs.

devient, si l'on fait disparaître les dénominateurs et que l'on ordonne par rapport à x,

$$(5y-3)x^2 - (4y-3)x + y - 1 = 0. \qquad (2)$$

Celle-ci donne

$$x = \frac{4y-3 \pm \sqrt{(4y-3)^2 - 4(5y-3)(y-1)}}{2(5y-3)},$$

ou

$$x = \frac{4y-3 \pm \sqrt{-4y^2+8y-3}}{2(5y-3)}. \qquad (3)$$

Le trinôme placé sous le radical sera négatif quand nous attribuerons à y des valeurs suffisamment grandes, positives ou négatives [140]. Afin de savoir entre quelles limites doit être comprise cette variable, posons

$$4y^2 - 8y + 3 = 0.$$

Cette équation donne

$$y = \frac{4 \pm 2}{4},$$

ou, en séparant les deux racines,

$$y' = \frac{1}{2}, \quad y'' = \frac{3}{2}.$$

Actuellement, les propriétés des trinômes du second degré prouvent que :

pour $y < y'$, x est imaginaire,

pour $y \begin{Bmatrix} > y' \\ < y'' \end{Bmatrix}$, x est réelle,

pour $y > y''$, x est imaginaire.

Le minimum de la fraction proposée est donc $\frac{1}{2}$, et son maximum est $\frac{3}{2}$.

ALGÈBRE.

Afin de compléter la question, cherchons quelles sont les valeurs de x qui répondent, soit au minimum, soit au maximum de y. Comme le radical contenu dans la formule (3) s'annule pour ces valeurs limites, il suffit de substituer celle-ci dans l'expression plus simple

$$x = \frac{4y-3}{2(5y-3)}.$$

Nous obtenons ainsi :

$$\text{pour } y = y' = \frac{1}{2}, \ x = x' = 1;$$

$$\text{pour } y = y'' = \frac{3}{2}, \ x = x'' = \frac{1}{3}.$$

147. Problème III. — *Déterminer le maximum et le minimum de la fraction* $\dfrac{6x^2 - 4x + 3}{x^2 - 4x + 1}$.

En opérant comme dans le problème précédent on a, successivement :

$$y = \frac{6x^2 - 4x + 3}{x^2 - 4x + 1},$$

$$(y-6)x^2 - 4(y-1)x + y - 3 = 0,$$

$$x = \frac{2(y-1) \pm \sqrt{3y^2 + y - 14}}{y - 6}.$$

Pour des valeurs de y suffisamment grandes, le trinôme $3y^2 + y - 14$ est positif. D'ailleurs, l'équation

$$3y^2 + y - 14 = 0$$

a pour racines

$$y' = -\frac{7}{3}, \ y'' = +2;$$

donc le trinôme est positif pour toutes les valeurs de y moindres que y' et pour toutes les valeurs de cette variable plus grandes que 2. Autrement dit,

$$\begin{aligned}\text{de } y &= -\infty\\ \text{à } y &= y'\end{aligned}\Big\} \; x \text{ sera réelle;}$$

$$\begin{aligned}\text{de } y &= y'\\ \text{à } y &= y''\end{aligned}\Big\} \; x \text{ sera imaginaire,}$$

$$\begin{aligned}\text{de } y &= y''\\ \text{à } y &= +\infty\end{aligned}\Big\} \; x \text{ sera réelle.}$$

Conséquemment $y' = -\dfrac{7}{3}$ est un *maximum*, et $y'' = +2$ est un *minimum* [*].

En achevant le calcul, on trouve que le maximum répond à $x = x' = \dfrac{4}{5}$, et le minimum à $x = x'' = -\dfrac{1}{2}$.

148. **Problème IV.** — *Déterminer le maximum et le minimum de la fraction* $\dfrac{x^2 - x - 1}{x^2 + x - 1}$.

En opérant encore comme dans le Problème II, on trouve :

$$x = \frac{y+1 \pm \sqrt{(y+1)^2 + 4(y-1)^2}}{2(y-1)}.$$

La quantité soumise au radical étant la somme de deux carrés, est positive, quelle que soit la valeur attribuée à y. La *fraction proposée peut* donc *passer par tous les états de grandeur*, c'est-à-dire qu'elle n'a ni maximum ni minimum.

149. **Remarque.** — Les exemples que nous venons de considérer appartiennent à l'équation générale

$$y = \frac{ax^2 + bx + c}{a'x^2 + b'x + c'},$$

sur laquelle le lecteur pourra s'exercer.

150. **Problème V.** — *Trouver le maximum et le minimum de*

---

[*] On voit que *le maximum d'une fonction peut être plus petit que le minimum*. Cette proposition est d'ailleurs évidente par la définition même du maximum et du minimum [141].

ALGÈBRE.

$$\frac{(a+x)^2}{a-x} - \frac{(b+x)^2}{b-x}.$$

Représentons par y cette fonction de x ; nous aurons, successivement :

$$y = \frac{(a+x)^2}{a-x} - \frac{(b+x)^2}{b-x}, \quad (1)$$

$$y(a-x)(b-x) = (a+x)^2(b-x) - (b+x)^2(a-x),$$
$$y[x^2-(a+b)x+ab] = -3(a-b)x^2 - (a^2-b^2)x + ab(a-b),$$
$$[y+3(a-b)]x^2 - (a+b)[y-(a-b)]x + ab[y-(a-b)] = 0, \quad (2)$$

$$x = \frac{(a+b)[y-(a-b)] \pm \sqrt{Y}}{2[y+3(a-b)]}; \quad (3)$$

en faisant, pour abréger,

$$Y = (a+b)^2[y-(a-b)]^2 - 4ab[y+3(a-b)][y-(a-b)].$$

Ce polynôme, développé et ordonné, devient

$$(a-b)^2 y^2 - 2(a-b)(a^2+6ab+b^2)y + (a-b)^2(a^2+14ab+b^2).$$

Si nous l'égalons à zéro, nous trouvons

$$y = \frac{a^2+6ab+b^2 \pm \sqrt{A}}{a-b},$$

A représentant la quantité

$$(a^2+6ab+b^2)^2 - (a-b)^2(a^2+14ab+b^2).$$

D'ailleurs, en effectuant et réduisant, on trouve

$$A = 64 a^2 b^2 :$$

donc les racines de l'équation $Y = 0$ sont

$$y' = a-b, \quad y'' = \frac{a^2+14ab+b^2}{a-b}.$$

Pour fixer les idées, supposons $a > b > 0$; alors y' est positive et moindre que y''. En même temps, le polynôme Y sera positif pour $y < y'$ ou $> y''$, et il sera négatif pour $y > y'$ et

188   ALGÈBRE.

$< y'$. Le maximum demandé est donc $a = b$, et le *minimum* est $\dfrac{a^2 + 14\,ab + b^2}{a-b}$.

Enfin, si l'on remplace y par ces deux valeurs dans l'équation (3), on trouve
$$x' = 0, \quad x'' = \frac{2ab}{a+b}.$$

Résumé.

La fonction $y = ax^2 + bx + c$ jouit des propriétés suivantes :

1° Pour chaque valeur réelle attribuée à x, il y a une valeur réelle correspondante de y, et une seule ;

2° Si l'équation $ax^2 + bx + c = 0$ a ses racines réelles et inégales, y passe deux fois par zéro, et change deux fois de signe, quand x varie de $-\infty$ à $+\infty$;

3° L'équation ayant ses racines réelles et égales, y passe une seule fois par zéro, et ne change pas de signe ;

4° Si l'équation a ses racines imaginaires, le trinôme ne passe pas par zéro, et ne change pas de signe quand x varie de $-\infty$ à $+\infty$;

5° Dans les trois cas, à partir de certaines valeurs de x, suffisamment grandes, positives ou négatives, le trinôme prend le signe de son premier terme, et sa valeur croît au delà de toute limite.

Quand une fonction x est réelle pour toutes les valeurs de la variable indépendante y comprises dans une certaine série, on appelle *minimum* et *maximum* de y la plus petite et la plus grande de ces mêmes valeurs.

Une même variable y peut avoir plusieurs minimums et plusieurs maximums.

Si la fonction x est réelle pour toutes les valeurs attribuées à y, cette dernière variable n'a ni maximum ni minimum.

Pour trouver le *maximum* ou le *minimum* d'une fonction de x, donnée, on égale cette fonction à une variable y ; on résout l'équation par rapport à x, et on cherche entre quelles limites doit varier y, pour que x soit réelle : ces limites sont les *maximums* ou les *minimums* demandés.

ALGEBRE.

CHAPITRE VII.

Principales propriétés des progressions arithmétiques et des progressions géométriques (151-173).

Des progressions par différence.

151. On appelle *progression arithmétique*, ou plutôt *progression par différence*, une suite de termes tels, que chacun d'eux est égal au précédent, augmenté d'une quantité constante. Cette *différence* constante entre un terme et celui qui le précède est la *raison* de la progression.

152. Une progression est *croissante* ou *décroissante*, suivant que la raison est positive ou négative.
Par exemple, les nombres

$$2,\ 5,\ 8,\ 11,\ 14,\ 17,\ldots,$$

forment une progression croissante ; tandis que les nombres

$$17,\ 14,\ 11,\ 8,\ 5,\ 2,$$

sont en progression décroissante.

153. **Problème I.** — *Former un terme de rang donné, connaissant le premier terme et la raison.*
Soient

$$a,\ b,\ c,\ldots,\ t,\ u,$$

les termes de la progression, u étant le n^e, et soit δ la raison. Nous aurons

$$b = a + \delta,$$
$$c = b + \delta = a + 2\delta,$$
$$d = c + \delta = a + 3\delta,$$
$$\ldots\ldots\ldots\ldots$$

et enfin

$$u = t + \delta = a + (n-1)\delta. \qquad (1)$$

Ainsi, *un terme de rang quelconque est égal au premier terme, plus autant de fois la raison qu'il y a de termes avant celui que l'on cherche.*

154. L'équation (1) contient les quatre quantités a, δ, n et u ; elle peut donc servir à déterminer une quelconque de ces quantités, quand les trois autres seront connues. Par exemple elle permet de résoudre ce problème : *Insérer, entre deux nombres donnés,* m *moyens par différence,* c'est-à-dire *déterminer une progression par différence, dont les termes extrêmes sont* a *et* u*, et qui soit composée de* m $+$ 2 *termes.* En effet, l'équation (1) donne, si l'on y remplace n par $m + 2$,

$$\delta = \frac{u - a}{m + 1}.$$

Donc, *pour trouver la raison de la progression, il faut retrancher le premier terme du dernier, et diviser le reste par le nombre des moyens, plus un.*

155. Théorème. — *Dans toute progression par différence, la somme de deux termes également éloignés des extrêmes est égale à la somme des extrêmes.*

En conservant les notations employées ci-dessus, nous aurons

$$b = a + \delta,$$
$$t = u - \delta ;$$

d'où
$$b + t = a + u.$$

Ainsi, *la somme du deuxième terme et de l'avant-dernier est égale à la somme du premier terme et du dernier.* Semblablement, la somme du troisième terme et de l'antépénultième égale la somme du deuxième terme et de l'avant-dernier, etc.

156. Problème II. — *Trouver la somme des termes d'une progression par différence.*

Soit s cette somme ; on aura

$$s = a + b + c + \ldots + r + t + u ;$$

puis, *en renversant la progression,*

$$s = u + t + r + \ldots + c + b + a.$$

Ces deux égalités donnent

$$2s = (a+u) + (b+t) + (c+r) + \ldots + (r+c) + (t+b) + (u+a).$$

ALGÈBRE.

Mais, par le théorème précédent,

$$b + t = a + u, \quad c + r = a + u, \ldots,$$

donc
$$2s = (a+u)n,$$

ou
$$s = \frac{a+u}{2} n. \qquad (2)$$

C'est-à-dire que : *la somme des termes d'une progression par différence est égale à la demi-somme des extrêmes, multipliée par le nombre des termes.*

157. Application. — *Quelle est la somme des 999 999 nombres naturels ?*

Les nombres naturels, c'est-à-dire les entiers, forment une progression par différence, dont le premier terme et la raison sont égaux à l'unité. La formule précédente donne donc, en faisant $a = 1$, $u = n = 999\,999$:

$$s = 499\,999\,500\,000.$$

158. Autre Application. — *Quelle est la somme des n premiers nombres impairs ?*

On a, évidemment, $a = 1$, $\delta = 2$;

donc
$$u = 1 + 2(n-1) = 2n - 1,$$

et, par la formule (2), $\quad s = n^2$.

Ainsi, *la somme des n premiers nombres impairs est égale au carré de n.*

159. Remarque. — Les équations (1) et (2) permettent de déterminer deux quelconques des cinq quantités a, u, δ, n, s, connaissant les trois autres.

Des progressions par quotient.

160. On appelle *progression géométrique*, ou *progression par quotient*, une suite de termes tels, que chacun d'eux est égal au précédent, multiplié par *un nombre constant*. Ce quotient d'un terme par celui qui le précède, est la *raison* de la progression.

161. Une progression par quotient est dite *croissante* ou *décroissante*, suivant que la raison est plus grande ou plus petite que l'unité.

Par exemple, les nombres

$$2,\ 6,\ 18,\ 54,\ 162,\ \ldots,$$

forment une progression croissante; tandis que les nombres

$$162,\ 54,\ 18,\ 6,\ 2,\ \frac{2}{3},\ \frac{2}{9},\ \ldots,$$

sont en progression décroissante.

162. Problème I. — *Former un terme de rang donné, connaissant le premier terme et la raison.*

Soient

$$a,\ b,\ c,\ \ldots,\ t,\ u,$$

les termes de la progression, u étant le n^e, et soit q la raison. Nous aurons

$$b = aq,$$
$$c = bq = aq^2,$$
$$d = cq = aq^3,$$
$$\cdots\cdots\cdots$$

et enfin

$$u = tq = aq^{n-1}. \qquad (3)$$

Ainsi, *un terme de rang quelconque est égal au premier terme multiplié par la raison élevée à une puissance marquée par le nombre des termes qui précèdent celui que l'on cherche.*

163. L'équation (3) contient les quatre quantités a, q, n, u; elle peut donc servir à déterminer une quelconque de ces quantités, quand les trois autres sont connues. Par exemple, elle permet de résoudre ce problème : *Insérer, entre deux nombres donnés, m moyens par quotient*, c'est-à-dire déterminer une progression par quotient dont les termes extrêmes sont a et u, et qui soit composée de $m+2$ termes. En effet, l'équation (3) donne, si l'on y remplace n par $m+1$,

$$q = \sqrt[m+1]{\frac{u}{a}}.$$

Donc, *pour trouver la raison de la progression, il faut diviser le dernier terme par le premier, et extraire, du quotient, une racine dont l'indice égale le nombre des moyens, plus un.*

ALGÈBRE.

164. Problème II. — *Trouver la somme des termes d'une progression par quotient.*

Première solution. — Soient $a, b, c, \ldots, t, u$ ces termes, et soit s la somme cherchée, de manière que

$$s = a + b + c + \ldots + t + u.$$

Si nous multiplions les deux membres de cette égalité par la raison de la progression, nous aurons

$$qs = aq + bq + cq + \ldots + tq + uq.$$

Mais, par définition,

$$aq = b, \quad bq = c, \quad cq = d, \ldots, \quad tq = u.$$

Donc en retranchant membre à membre,

$$s(q-1) = uq - a,$$

ou

$$s = \frac{uq - a}{q - 1}. \qquad (4)$$

Ainsi, *la somme des termes d'une progression par quotient est égale au dernier terme multiplié par la raison, moins le premier terme, le tout divisé par la raison diminuée de l'unité.*

Seconde solution. — Les termes de la progression sont, en appelant a le premier terme et q la raison,

$$a, \quad aq, \quad aq^2, \ldots, \quad aq^{n-1};$$

donc

$$s = a(1 + q + q^2 + \ldots q^{n-1}).$$

La quantité contenue dans la parenthèse est, *identiquement*, le quotient de $q^n - 1$ par $q - 1$ [43, 5°]; donc

$$s = a \frac{q^n - 1}{q - 1}, \qquad (5)$$

ou, à cause de $aq^{n-1} = u$,

$$s = \frac{uq - a}{q - 1},$$

comme ci-dessus.

165. Application. — *Quelle est la somme des 12 premiers termes de la progression* 3, 6, 12,...?

Dans cet exemple, $a = 3$, $q = 2$, $n = 12$. Or, en formant les puissances successives de 2, on trouve $2^{12} = 4\,096$: donc, par la formule (5),

$$s = 3\,(4\,096 - 1) = 12\,285.$$

166. Autre application. — *Quelle est la somme des 12 premiers termes de la progression* $\dfrac{3}{2}$, $\dfrac{3}{4}$,...?

Dans ce nouvel exemple,

$$a = 3, \quad q = \frac{1}{2}, \quad n = 12.$$

Donc

$$s = 3\,\dfrac{\dfrac{1}{4\,096} - 1}{\dfrac{1}{2} - 1} = 3\,\dfrac{1 - \dfrac{1}{4\,096}}{1 - \dfrac{1}{2}} = 3 \cdot \dfrac{4\,095}{2\,048} = \dfrac{12\,285}{2\,048} = 6 - \dfrac{3}{2\,048}.$$

167. Remarque. — La première application numérique a conduit à une valeur de s assez grande, bien que le nombre des termes fût peu considérable ; l'autre application a donné, pour s, une valeur très-peu différente de

$$6 = \dfrac{3}{\dfrac{1}{2}} = \dfrac{a}{1 - q}.$$

Ces deux résultats sont dus, évidemment, l'un, à ce que *les puissances d'un nombre entier croissent très-rapidement, et peuvent dépasser toute limite*; l'autre à ce que *les puissances d'une partie aliquote de l'unité décroissent très-rapidement, et ont zéro pour limite*. On peut généraliser ces deux propositions et démontrer le théorème suivant :

168. Théorème. — 1° *Les puissances successives d'un nombre plus grand que l'unité croissent sans cesse, et peuvent dépasser* *toute limite; 2° les puissances successives d'un nombre plus petit que l'unité décroissent sans cesse, et ont zéro pour limite.*

1° Représentons par $1+\alpha$ un nombre supérieur à l'unité. Nous aurons, *identiquement,*

$$(1+\alpha)-1=\alpha,$$

puis, en multipliant le premier membre par les puissances successives de $1+\alpha$ et le second membre par 1,

$$(1+\alpha)^2 - (1+\alpha) > \alpha,$$
$$(1+\alpha)^3 - (1+\alpha)^2 > \alpha,$$
$$\ldots\ldots\ldots\ldots\ldots$$
$$(1+\alpha)^n - (1+\alpha)^{n-1} > \alpha.$$

Ainsi, *les puissances successives de $(1+\alpha)$ vont en croissant.*

Il ne suffit pas d'avoir établi ce premier point, presque évident, pour conclure que ces puissances peuvent dépasser toute limite. Mais, si l'on ajoute membre à membre toutes les relations précédentes, on trouve

$$(1+\alpha)^n > 1+n\alpha.$$

Or, quelque petite que soit la quantité positive α, on peut évidemment trouver une valeur de n qui rende $1+n\alpha$ plus grand qu'un nombre quelconque N : donc cette même valeur de n satisfait à l'inégalité

$$(1+\alpha)^n > N.$$

Ainsi, *il est possible d'assigner une valeur de l'exposant* n *qui rende $(1+\alpha)^n$ supérieure à un nombre donné quelconque.* C'est ce qu'il fallait démontrer.

2° Un nombre plus petit que l'unité peut être représenté par

$$\frac{1}{1+\alpha}.$$

Si donc l'on veut trouver une puissance de ce nombre qui soit inférieure à une quantité donnée δ, il suffit de résoudre l'inégalité

$$\frac{1}{(1+\alpha)^n} < \delta,$$

laquelle équivaut à

196 ALGÈBRE.

$$(1+\alpha)^n > \frac{1}{\delta}.$$

D'après ce qui précède, on satisfait à cette dernière inégalité en prenant

$$n > \frac{\frac{1}{\delta} - 1}{\alpha};$$

donc, etc.

Limite de la somme des termes d'une progression par quotient, décroissante.

169. **Théorème.** — *La limite de la somme des termes d'une progression par quotient décroissante, est égale au premier terme divisé par l'unité diminuée de la raison.*

Reprenons la formule générale

$$s = a\left(\frac{q^n - 1}{q - 1}\right),$$

dans laquelle nous supposons $q < 1$. En changeant les signes des deux termes, et divisant les deux parties du dividende par $1 - q$, nous aurons

$$s = \frac{a}{1-q} - a\frac{q^n}{1-q}.$$

Des deux parties du second membre, la première est *constante*, tandis que la seconde diminue indéfiniment avec le facteur q^n. Ainsi, à mesure que le nombre des termes d'une progression décroissante augmente, leur somme tend, de plus en plus, à devenir égale au quotient du premier terme par l'unité diminuée de la raison. D'ailleurs, ainsi qu'on vient de le voir, q^n a pour *limite zéro* : donc [50] $q^n \cdot \frac{a}{1-q}$ a également pour limite zéro ; et

$$\text{limite de } s = \frac{a}{1-q}.$$

ALGÈBRE.

170. Application aux fractions décimales périodiques. — Considérons une fraction périodique simple, par exemple $0,351\,351\,351\ldots$ Les périodes successives sont égales, respectivement, à $\dfrac{351}{1000}$, $\dfrac{351}{1000^2}$, $\dfrac{351}{1000^3}$, ... Par conséquent, elles forment une progression par quotient, dont le premier terme est $\dfrac{351}{1000}$ et dont la raison est $\dfrac{1}{1000}$. D'après le théorème précédent, si le nombre des périodes augmente de plus en plus, la fraction périodique s'approche indéfiniment de

$$\frac{351}{1000} : \frac{999}{1000},$$

ou de

$$\frac{351}{999}.$$

Ainsi, *toute fraction périodique simple, illimitée, a pour valeur la période divisée par un nombre formé d'autant de 9 qu'il y a de chiffres dans la période* [Arith., 174].

171. Problème I. — *Combien doit-on prendre de termes dans la progression*

$$\frac{2}{3},\ \frac{2}{3}\cdot\frac{99}{100},\ \frac{2}{3}\cdot\left(\frac{99}{100}\right)^2,\ \frac{2}{3}\cdot\left(\frac{99}{100}\right)^3,\ldots$$

pour que leur somme soit plus grande que

$$\frac{\dfrac{2}{3}}{1-\dfrac{99}{100}} - 0,001\ ?$$

En désignant par n le nombre de ces termes et par s leur somme, nous aurons [164]

$$s = \frac{\dfrac{2}{3}}{1-\dfrac{99}{100}} - \frac{\dfrac{3}{2}\cdot\left(\dfrac{99}{100}\right)^n}{1-\dfrac{99}{100}}.$$

198   ALGÈBRE.

La condition proposée équivaut donc à

$$\frac{\frac{2}{3} \cdot \left(\frac{99}{100}\right)^n}{1 - \frac{99}{100}} < 0,004 ;$$

ou, en simplifiant, à

$$\left(\frac{99}{100}\right)^n < \frac{3}{200\,000} ;$$

ou encore, à

$$\left(\frac{100}{99}\right)^n > \frac{200\,000}{3}.$$

Or, $\left(\frac{100}{99}\right)^n = \left(1 + \frac{1}{99}\right)^n$ est plus grand que $1 + \frac{n}{99}$ [168];
donc, pour résoudre le problème proposé, on peut prendre

$$n = \left(\frac{200\,000}{3} - 1\right) 99,$$

c'est-à-dire $n = 6\,599\,901.$

On verra plus loin qu'il est possible de satisfaire à la condition proposée, au moyen d'une valeur de n bien inférieure à 6 599 901.

172. **Problème II.** — Trouver, dans la progression

$$\frac{2}{3}, \quad \frac{2}{3} \cdot \frac{99}{100}, \quad \frac{2}{3} \cdot \left(\frac{99}{100}\right)^2, \quad \frac{2}{3} \cdot \left(\frac{99}{100}\right)^3, \ldots$$

150 termes consécutifs dont la somme soit plus petite que $\frac{1}{10}$.

Soit n le rang du premier de ces 150 termes : on devra satisfaire à l'inégalité

$$\frac{2}{3}\left(\frac{99}{100}\right)^{n-1} + \frac{2}{3}\left(\frac{99}{100}\right)^{n} + \ldots + \frac{2}{3}\left(\frac{99}{100}\right)^{n+148} < \frac{1}{10}. \quad (1)$$

Le premier membre a pour valeur

$$\frac{2}{3}\left(\frac{99}{100}\right)^{n-1} \frac{1-\left(\frac{99}{100}\right)^{150}}{1-\frac{99}{100}} = \frac{200}{3}\left(\frac{99}{100}\right)^{n-1}\left[1-\left(\frac{99}{100}\right)^{150}\right].$$

L'inégalité précédente devient donc

$$\frac{200}{3}\left(\frac{99}{100}\right)^{n-1}\left[1-\left(\frac{99}{100}\right)^{150}\right] < \frac{1}{10}. \qquad (2)$$

Il serait difficile, par un calcul direct, de tenir compte du terme $\left(\frac{99}{100}\right)^{150}$; mais comme il est inférieur à l'unité, nous le supprimerons complétement et nous aurons, au lieu de la relation (2) :

$$\frac{200}{3}\left(\frac{99}{100}\right)^{n-1} < \frac{1}{10}. \qquad (3)$$

Les valeurs de n qui satisfont à cette nouvelle inégalité vérifient, à plus forte raison, l'inégalité précédente, puisque le premier membre de celle-ci est plus petit que le premier membre de l'autre.

En terminant le calcul comme dans le problème précédent, on trouve

$$n \overset{=}{>} 65\,902.$$

173. Problème III. — *Étant donnés un nombre entier* n *et une quantité* δ *très-petite et positive, trouver une quantité positive* α *qui satisfasse à l'inégalité*

$$\alpha(1+\alpha)^n < \delta \text{*}.$$

Cette inégalité équivaut à

$$\alpha < \frac{\delta}{(1+\alpha)^n}.$$

Le dénominateur $(1+\alpha)^n$ est plus grand que l'unité : donc la quantité cherchée α est inférieure à δ. Par conséquent, pour

---

* Ce problème reçoit son application dans la **théorie des logarithmes.**

satisfaire à la seconde inégalité, il suffit de remplacer, dans le second membre, l'*inconnue* α par la quantité donnée δ. On trouve ainsi

$$\alpha < \frac{\delta}{(1 + \delta)^n}.$$

Résumé.

On appelle *progression arithmétique*, ou plutôt *progression par différence*, une suite de termes tels, que chacun d'eux est égal au précédent, augmenté d'une quantité constante. Cette différence constante entre un terme et celui qui le précède est la *raison* de la progression.

Une progression est *croissante* ou *décroissante*, suivant que la raison est positive ou négative.

Un terme de rang quelconque est égal au premier terme, plus autant de fois la raison qu'il y a de termes avant celui que l'on cherche.

Dans toute progression par différence, la somme de deux termes également éloignés des extrêmes est égale à la somme des extrêmes.

La somme des termes d'une progression par différence est égale à la demi-somme des extrêmes, multipliée par le nombre des termes.

On appelle *progression géométrique*, ou *progression par quotient*, une suite de termes tels, que chacun d'eux est égal au précédent, multiplié par un nombre constant. Ce quotient d'un terme par celui qui le précède, est la *raison* de la progression.

Une progression par quotient est dite *croissante* ou *décroissante*, suivant que la raison est plus grande ou plus petite que l'unité.

Un terme de rang quelconque est égal au premier terme multiplié par la raison élevée à une puissance marquée par le nombre des termes qui précèdent celui que l'on cherche.

La somme des termes d'une progression par quotient est égale au dernier terme multiplié par la raison, moins le premier terme, le tout divisé par la raison diminuée de l'unité.

Les puissances successives d'un nombre plus grand que l'unité croissent sans cesse, et peuvent dépasser toute limite.

Les puissances successives d'un nombre plus petit que l'unité décroissent sans cesse, et ont zéro pour limite.

La limite de la somme des termes d'une progression par quotient, décroissante, est égale au premier terme divisé par l'unité diminuée de la raison.

ALGÈBRE.

CHAPITRE VIII.

Théorie des logarithmes, déduite des progressions (174-203). — Logarithmes dont la base est 10 (189-193). — Tables (194-196). — De la caractéristique (191). — Introduction des caractéristiques négatives pour étendre aux nombres plus petits que 1 les calculs logarithmiques (199-203). — Usage des tables (204-210).

Définition des logarithmes.

174. Considérons une progression par quotient, ayant l'unité pour premier terme, et une progression par différence, dont le premier terme soit zéro; écrivons ces deux progressions en faisant correspondre leurs termes, de cette manière :

$$1, q, q^2, q^3, \ldots, q^n, \ldots, q^{n'}, \ldots$$
$$0, \delta, 2\delta, 3\delta, \ldots, n\delta, \ldots, n'\delta \ldots$$

L'inspection de ce tableau conduit aux propositions suivantes :

1° *Le produit de deux termes quelconques de la progression par quotient est un terme de cette progression;*

2° *La somme de deux termes quelconques de la progression par différence est un terme de cette progression;*

3° *Si les deux termes dont on a fait le produit correspondent, respectivement, aux deux termes dont on a fait la somme, le produit et la somme se correspondront.*

En effet,

$q^n \cdot q^{n'} = q^{n+n'} =$ le $(n+n'+1)^e$ terme de la progression par quotient; et

$n\delta + n'\delta = (n+n')\delta = $ le $(n+n'+1)^e$ terme de la progression par différence.

175. On appelle *logarithmes* des termes de la progression par quotient, les termes qui leur correspondent dans l'autre progression. Au moyen de cette définition, les propriétés précédentes peuvent être ainsi résumées :

202   ALGÈBRE.

Le logarithme du produit de deux facteurs pris dans une progression par quotient, est égal à la somme des logarithmes de ces facteurs.

Il est bien entendu que la progression par quotient commence par l'unité, et que la progression par différence commence par zéro : l'ensemble de ces deux progressions constitue un *système de logarithmes*.

176. **Remarque.** — *Dans un système quelconque, le logarithme de l'unité est zéro.*

177. Le théorème fondamental énoncé tout à l'heure [175] serait stérile s'il s'appliquait seulement aux termes d'une progression donnée; mais : 1° *on peut regarder tous les nombres plus grands que l'unité comme faisant partie d'une progression par quotient;* 2° *dans un même système, tout nombre plus grand que l'unité a un logarithme.*

178. Pour établir ces deux propositions, nous commencerons par démontrer le lemme suivant :

Si, entre deux termes consécutifs quelconques d'une progression, on insère un même nombre de moyens, toutes les progressions partielles ainsi formées constitueront une progression unique.

Soit, par exemple, une progression par quotient, ayant pour termes $a, b, c,\ldots$ Insérons m moyens entre a et b, puis m moyens entre b et c, etc. Les raisons $q', q'', q''',\ldots$ sont [163]

$$q' = \sqrt[m+1]{\frac{b}{a}}, \quad q'' = \sqrt[m+1]{\frac{c}{b}}, \quad q''' = \sqrt[m+1]{\frac{d}{c}}, \ldots$$

Mais

$$\frac{b}{a} = \frac{c}{b} = \frac{d}{c} = \ldots = q;$$

donc

$$q' = q'' = q''' = \ldots = \sqrt[m+1]{q}.$$

Ainsi, les raisons des progressions partielles sont toutes égales entre elles. D'ailleurs, chacun des termes $b, c, d,\ldots$, appartient à la fois à deux de ces progressions; donc, etc.

ALGÈBRE.

La démonstration serait encore plus simple s'il s'agissait d'une progression par différence.

179. Supposons maintenant, pour fixer les idées, que les deux progressions soient

$$1,\ 10,\ 100,\ 1\,000,\ 10\,000,\ 100\,000\ldots,$$
$$0,\ 1,\ 2,\ 3,\ 4,\ 5,\ldots\ldots$$

1° *On peut toujours insérer, entre 1 et 10, assez de moyens par quotient pour que la raison de la nouvelle progression surpasse l'unité d'aussi peu qu'on le voudra.*

En effet, l'inégalité

$$\sqrt[m+1]{10} - 1 < \delta$$

donne celle-ci :

$$(1+\delta)^{m+1} > 10,$$

à laquelle on satisfait en prenant $m+1 > \dfrac{9}{\delta}$ * [168].

2° *Quand l'excès de la raison sur l'unité est suffisamment petit, les termes de la progression croissent par degrés aussi rapprochés qu'on le veut.*

Représentons $\sqrt[m+1]{10}$ par $1+\alpha$: les termes de la nouvelle progression seront

$$1,\ (1+\alpha),\ (1+\alpha)^2,\ (1+\alpha)^3,\ldots,\ (1+\alpha)^n,\ (1+\alpha)^{n+1},\ldots$$

Cela posé, la différence entre les deux termes consécutifs $(1+\alpha)^n$ et $(1+\alpha)^{n+1}$ est

$$(1+\alpha)^{n+1} - (1+\alpha)^n = \alpha\,(1+\alpha)^n,$$

et nous savons que l'on peut disposer de α de manière à rendre le second membre moindre que tout nombre donné [173].

3° *On peut rendre assez petit l'excès de la raison sur l'unité, pour que la différence entre un nombre donné* N *et une cer-*

---

* Pour construire les *Tables de Callet*, on a pris $m+1 = 2^{50}$, et, par des *extractions successives de racines carrées*, l'on a trouvé
$\sqrt[m+1]{10} = 1{,}00000\ 00000\ 00000\ 00199\ 71742\ 08125\ 50527\ 08004\ 08317\ 5\ldots.$

taine puissance de cette raison soit inférieure à une quantité donnée ε.

Si l'on forme les puissances de $1+\alpha$, on en trouvera deux, consécutives, entre lesquelles N sera compris. En effet, *les puissances successives d'un nombre supérieur à l'unité vont en augmentant indéfiniment* [168]. Si donc $(1+\alpha)^{n+1}$ est la plus faible puissance de $1+\alpha$ qui surpasse N, on aura

$$(1+\alpha)^n < N < (1+\alpha)^{n+1}.$$

Cela posé, il s'agit de déterminer α de manière à satisfaire à l'inégalité

$$N-(1+\alpha)^n < \varepsilon.$$

Or, le premier membre est inférieur à

$$(1+\alpha)^{n+1} - (1+\alpha)^n = \alpha(1+\alpha)^n.$$

A plus forte raison, il est moindre que αN. Si donc nous prenons $\alpha N < \varepsilon$, ou $\alpha < \dfrac{\varepsilon}{N}$, il arrivera que *l'excès de N sur une certaine puissance de $1+\alpha$ sera inférieur à* ε. C'est ce qu'il fallait démontrer.

180. Pour appliquer la dernière proposition, faisons $N=3$, $\varepsilon = 0,01$. Nous aurons $\alpha < 0,0033\ldots$ Or,

$$\sqrt[1024]{10} = 1,00225\ *,$$

donc nous pouvons prendre $1+\alpha$ égal à ce dernier nombre. Concevons que l'on forme ses puissances successives ** : on trouvera

$$(1+\alpha)^{488} = \left(\sqrt[1024]{10}\right)^{488} = 2,9964\ldots,$$

$$(1+\alpha)^{489} = \left(\sqrt[1024]{10}\right)^{489} = 3,0068\ldots.$$

---

* *Tables de Callet*, page 12.
** Nous verrons bientôt comment on peut se dispenser d'effectuer

Conséquemment, le nombre 3 est compris entre deux termes consécutifs d'une progression dont la raison est $(1+\alpha)$; de plus, la différence entre ce nombre et $(1+\alpha)^{188}$ est moindre que 0,01, etc.

181. Revenons à présent à nos deux progressions fondamentales :

$$1,\ 10,\ 100,\ 1\,000,\ 10\,000,\ 100\,000,\ldots,$$
$$0,\ 1,\ 2,\ 3,\ 4,\ 5,\ldots$$

Prenons, comme il vient d'être dit,

$$1+\alpha = \sqrt[m+1]{10},$$

m étant très-grand. Prenons, en outre,

$$\delta = \frac{1-0}{m+1} = \frac{1}{m+1};$$

formons les puissances successives de $1+\alpha$ et les multiples successifs de δ, et nous trouverons les deux progressions suivantes :

$$1,\ 1+\alpha,\ (1+\alpha)^2,\ (1+\alpha)^3,\ldots\ 10,\ldots,$$
$$0,\ \delta,\ 2\delta,\ 3\delta,\ldots\ 1,\ldots;$$

qui jouissent des propriétés démontrées ci-dessus [174].

182. Il peut arriver que la progression par quotient ne renferme pas un nombre donné, le nombre 3 par exemple*. Mais ce long calcul : il suffit, quant à présent, que l'on en conçoive la possibilité.

* Il y a plus : on peut démontrer que, si $\left(\sqrt[m+1]{10}\right)^n$ n'est pas égal à une puissance de 10, ce nombre est incommensurable avec 10.

comme ce nombre est compris entre deux puissances consécutives de $1+\alpha$, telles que $(1+\alpha)^n$ et $(1+\alpha)^{n+1}$, dont les *logarithmes* sont $n\delta$ et $(n+1)\delta$, on appelle *logarithme de 3 un nombre compris entre ces deux logarithmes, et qui en est la limite commune**. On voit donc que, comme nous l'avions annoncé :

1° *On peut regarder tous les nombres plus grands que l'unité comme faisant partie d'une progression par quotient;* 2° *dans un même système, tout nombre plus grand que l'unité a un logarithme.*

183. Il résulte enfin, de cette discussion, *que la propriété fondamentale des logarithmes* [175] *appartient à tous les nombres plus grands que l'unité.*

---

* Il a été démontré que, N étant un nombre donné (supérieur à l'unité), on peut toujours disposer de m et de n de manière à vérifier les inégalités

$$\left(\sqrt[m+1]{10}\right)^n < N < \left(\sqrt[m+1]{10}\right)^{n+1}$$

$$\left(\sqrt[m+1]{10}\right)^{n+1} - \left(\sqrt[m+1]{10}\right)^n < \varepsilon.$$

Ainsi, N est la limite commune de

$$\left(\sqrt[m+1]{10}\right)^n \quad \text{et de} \quad \left(\sqrt[m+1]{10}\right)^{n+1}.$$

D'ailleurs, ces deux derniers nombres ont pour logarithmes les fractions $\dfrac{n}{m+1}$ et $\dfrac{n+1}{m+1}$, dont la différence peut être rendue aussi petite qu'on veut. Il résulte de là, et de ce qui a été vu dans le texte, que ces deux logarithmes ont une limite commune : cette limite est le logarithme de N.

Propriétés des logarithmes.

184. *Le logarithme du produit de plusieurs facteurs est égal à la somme des logarithmes de ces facteurs.*

Soient $a, b, c, ..., k$, plusieurs facteurs, tous plus grands que l'unité. En appliquant plusieurs fois le théorème qui vient d'être rappelé, nous aurons

$$\log(ab) = \log a + \log b,$$
$$\log(abc) = \log(ab \cdot c) = \log(ab) + \log c$$
$$= \log a + \log b + \log c,$$
$$\dots\dots\dots\dots\dots\dots\dots\dots\dots\dots\dots\dots\dots$$
$$\log(abc\dots k) = \log a + \log b + \log c + \dots + \log k.$$

185. *Le logarithme d'une puissance d'un nombre est égal au produit du logarithme de ce nombre par l'exposant de la puissance.*

Supposons les facteurs $a, b, c, ..., k$, en nombre n, et tous égaux entre eux. Nous aurons, par le théorème précédent :

$$\log(a^n) = \log a + \log a + \log a + \dots,$$

ou

$$\log(a^n) = n \log a.$$

186. *Le logarithme d'un quotient* est égal au logarithme du dividende, moins le logarithme du diviseur.*

Soit $\dfrac{a}{b} = q$, d'où $a = bq$. On aura $\log a = \log b + \log q$; donc

$$\log q = \log a - \log b. \qquad (1)$$

187. *Le logarithme d'une racine d'un nombre est égal au quotient du logarithme de ce nombre par l'indice de la racine.*

---

* Quand on veut établir une théorie *purement arithmétique* des logarithmes, on doit supposer le quotient *plus grand que l'unité*. L'emploi des quantités négatives dispense de faire cette restriction, attendu que, si $\dfrac{a}{b}$ est une fraction proprement dite, *on prendra l'équation* (1) *comme définition* du logarithme de cette fraction.

On arrive ainsi à cette conclusion : *Le logarithme d'une fraction proprement dite est égal au logarithme de la fraction renversée, pris en signe contraire.*

208 ALGÈBRE.

Cette propriété ne diffère pas de celle qui a été démontrée tout à l'heure [185].

188. *Utilité des tables de logarithmes.* — Il résulte, des propriétés précédentes, que si l'on avait une table contenant les logarithmes de tous les nombres entiers, inférieurs à une certaine limite, on pourrait, au moyen de cette table, remplacer les multiplications par des additions, les formations de puissances par des multiplications fort simples, etc. C'est à Néper [*] qu'est due cette admirable découverte, si utile aux calculateurs.

Des logarithmes dont la base est 10.

189. Dans un système quelconque, on appelle *base* le nombre qui a pour logarithme l'unité. Par exemple, quand on part des deux progressions

$$1, \ 10, \ 100, \ 1\,000, \ldots,$$
$$0, \ 1, \ 2, \ 3, \ldots,$$

on dit que la base du système est 10.

Les logarithmes pris dans ce système sont ceux que nous avions considérés ci-dessus, afin de fixer les idées. Ils portent le nom de *logarithmes vulgaires* ou de *logarithmes de Briggs* [**]. Indépendamment des propriétés démontrées précédemment, qui subsistent quel que soit le système, ces logarithmes possèdent encore les avantages suivants :

190. 1° *Le logarithme d'une puissance de* 10 *est égal à l'exposant de cette puissance.*

En effet, d'après les deux progressions précédentes, le logarithme de 100, ou de 10^2, est 2 ; le logarithme de 1 000, ou de 10^3, est 3 ; etc.

191. 2° *Le logarithme d'un nombre entier quelconque a pour partie entière un nombre formé d'autant d'unités moins une qu'il y a de chiffres dans ce nombre entier.*

---

[*] Ou plutôt Napier.
[**] Henri Briggs calcula les logarithmes des nombres compris entre 1 et 20 000 et les logarithmes des nombres compris entre 90 000 et 100 000. Son ouvrage, intitulé *Arithmetica logarithmica*, parut à Londres en 1624.

ALGÈBRE.

Soit le nombre 8 753. Ce nombre est compris entre 10^3 et 10^4 : donc son logarithme se compose de 3 unités et d'une partie décimale.

La partie entière d'un logarithme est appelée *caractéristique*[*].

192. 3° *Pour multiplier un nombre par* 10, 100, 1 000,..., *il suffit d'ajouter* 1, 2, 3,... *unités à la caractéristique de son logarithme.*

En effet, si
$$\log 27\,438 = 4{,}4383525,$$

il résulte, de la propriété fondamentale, que

$$\log (27\,438 \cdot 1\,000) = \log 27\,438 + 3 = 4{,}4383525 + 3$$
$$= 7{,}4383525.$$

193. 4° *Si deux nombres décimaux ne diffèrent que par le rang de la virgule, leurs logarithmes ne diffèrent que par la caractéristique.*

Soient les deux nombres 2,7438 et 2743,8. Le second est égal au premier multiplié par 1 000, donc

$$\log 2743{,}8 = 3 + \log 2{,}7438.$$

Construction des tables.

194. Concevons, comme précédemment, qu'après avoir calculé

$$1 + \alpha = \sqrt[m+1]{10} \quad \text{et} \quad \delta = \frac{1}{m+1},$$

le nombre $m+1$ étant égal à 2^{60}, on ait formé les puissances de $1+\alpha$ et les multiples de δ. Concevons, en outre, que l'on ait remplacé les puissances de $1+\alpha$, très-voisines des nombres entiers, par ces nombres entiers eux-mêmes, et qu'on ait supprimé toutes les autres. En écrivant, en regard de ces nombres, les multiples correspondants de δ, on aura ce qu'on appelle

---

[*] Les géomètres allemands donnent, à la partie décimale d'un logarithme, le nom de *mantisse*.

210   ALGÈBRE.

une *Table des logarithmes des nombres entiers*. Le petit tableau ci-joint en peut donner une idée :

Nombres.	Logarithmes.
1	0
2	0,30103000
3	0,47712125
4	0,60205999
. . . .	. . . .
108 000	5,03342376

195. Les logarithmes inscrits dans la seconde ligne sont extraits des *Tables de Callet*. Pour construire ces tables, on a employé des méthodes dont nous ne pouvons donner l'idée, et qui diffèrent complétement de celle dont nous avons parlé : celle-ci aurait exigé des calculs tellement longs, que personne n'en serait venu à bout.

196. On n'a pas inscrit dans la table les logarithmes des 10 000 premiers nombres. La raison de cette omission est évidente par ce qui précède [193]*. En outre, on a partout supprimé la caractéristique, parce qu'elle est connue à l'avance [194].

Nous n'indiquerons pas les autres dispositions particulières aux *Tables de Callet* : le *Précis* placé en tête de cet ouvrage les fait suffisamment connaître ; mais nous allons démontrer deux propositions qui résultent de l'examen des tables.

Proportion logarithmique.

197. **Théorème 1.** — *La différence entre les logarithmes de deux nombres entiers consécutifs diminue quand ces nombres augmentent, et elle a zéro pour limite.*

Soient n, $n+1$ ces deux nombres, et soit δ la différence entre leurs logarithmes** ; nous aurons, par la propriété fondamentale,

---

* Cependant la table générale est précédée d'une petite table intitulée *chiliade* 1 (1er mille), qui donne, avec 8 décimales, les logarithmes des 1200 premiers nombres.

** La *différence tabulaire* δ est toute calculée dans l'ouvrage de Callet.

ALGÈBRE.

$$\delta = \log(n+1) - \log n = \log\frac{n+1}{n} = \log\left(1+\frac{1}{n}\right).$$

Or, $\dfrac{1}{n}$ diminue indéfiniment quand n augmente : donc δ s'approche indéfiniment du logarithme de 1, c'est-à-dire de zéro.

198. Théorème II. — *Au delà d'une certaine limite, les différences des nombres sont sensiblement proportionnelles aux différences de leurs logarithmes.*

La *différence tabulaire*, c'est-à-dire la différence entre les logarithmes de deux nombres entiers consécutifs, est constante dans un assez grand intervalle ; par exemple, elle est égale à 95 unités du septième ordre décimal pour tous les nombres compris entre 45 600 et 46 130.

Il résulte d'abord de là qu'en supposant les nombres entiers i, i' assez petits par rapport au nombre entier N, on aura, à fort peu près,

$$\frac{\log(N+i) - \log N}{\log(N+i') - \log N} = \frac{i}{i'}. \qquad (1)$$

En effet, d'après l'hypothèse,

$$\log(N+i) = \log N + i\delta,$$

et

$$\log(N+i') = \log N + i'\delta,$$

δ étant la différence tabulaire.

En second lieu, si $\dfrac{p}{q}$ et $\dfrac{p'}{q}$ sont des fractions proprement dites, on aura, à fort peu près,

$$\frac{\log\left(n+\dfrac{p}{q}\right) - \log n}{\log\left(n+\dfrac{p'}{q}\right) - \log n} = \frac{p}{p'}. \qquad (2)$$

Pour démontrer cette nouvelle proportion, ajoutons et retranchons $\log q$ aux deux termes de la première fraction ; nous aurons

$$\frac{\log\left(n+\frac{p}{q}\right)-\log n}{\log\left(n+\frac{p'}{q}\right)-\log n} = \frac{\log\left(n+\frac{p}{q}\right)+\log q-(\log n+\log q)}{\log\left(n+\frac{p'}{q}\right)+\log q-(\log n+\log q)}$$

$$= \frac{\log(nq+p)-\log nq}{\log(nq+p')-\log nq}.$$

Mais p et p' sont beaucoup plus petits que nq : donc, à cause de l'égalité (1), la dernière quantité diffère très-peu de $\frac{p}{p'}$. C'est ce qu'il fallait démontrer*.

Logarithmes des fractions.

199. Nous avons déjà dit que, pour n'avoir pas à modifier, dans chaque cas, les nombres sur lesquels on veut effectuer un calcul par le moyen des logarithmes, on a établi la convention suivante.

Le logarithme d'une fraction proprement dite est égal au logarithme de la fraction renversée, précédé du signe —**.

Il résulte de là que les fractions 0,1, 0,01, 0,001, ..., ont pour logarithmes, respectivement, —1, —2, —3,.... Plus généralement,

$$\log\left(\frac{1}{N}\right) = -\log N.$$

200. Réciproquement, *le nombre correspondant à un logarithme négatif a la forme $\frac{1}{N}$, N étant le nombre correspondant au logarithme donné, pris positivement.*

201. *Des logarithmes à caractéristique négative et à partie décimale positive.* — Les fractions de la forme $\frac{1}{N}$ étant peu commodes, surtout quand le dénominateur N est accompagné

---

* La recherche de l'erreur que l'on commet en admettant la *proportion logarithmique* (1) n'est pas du ressort d'un livre élémentaire.

** Cette question des logarithmes des fractions, quand on veut établir une théorie arithmétique des logarithmes, est une introduction toute naturelle à l'étude des quantités négatives.

de décimales, on fait, sur les logarithmes *entièrement négatifs*, une transformation qui équivaut à la réduction de $\dfrac{1}{N}$ en décimales.

Soit, pour fixer les idées,

$$x = \frac{237}{87\,852}.$$

On trouve, dans la table :

$$\begin{aligned}\log\ 237 &= 2,3747484\\ \log 87\,852 &= 4,9437517.\end{aligned}$$

Par suite, $\log x = -2,5690033$.

Ajoutons à $\log x$ le nombre entier immédiatement supérieur à $-\log x$, et retranchons ce nombre entier ; nous aurons

$$\log x = 3 - 2,5690033 - 3 = 0,4309967 - 3.$$

Pour abréger, apportons la partie négative -3 à la place de la caractéristique 0, et, pour éviter toute ambiguïté, plaçons le signe — au-dessus du chiffre 3 ; nous aurons

$$\log x = \bar{3},4309967.$$

En comparant ce nouveau logarithme à celui qui est écrit plus haut, nous obtiendrons cette règle générale :

Pour transformer un logarithme entièrement négatif en un logarithme à caractéristique négative et à partie décimale positive, placez le signe — au-dessus de la caractéristique, après l'avoir augmentée d'une unité, et écrivez, à la suite de cette caractéristique négative, le complément* de la partie décimale du logarithme donné.

202. Nous avons dit que cette transformation équivaut à une réduction de fraction ordinaire en fraction décimale. Pour le faire voir, reprenons la fraction $\dfrac{237}{87\,852}$. Si nous la multiplions par une puissance de 10 qui la rende plus grande que 1 et plus

---

* Le *complément* d'une fraction décimale proprement dite est ce qu'il y faut ajouter pour obtenir l'unité.

petite que 10, nous aurons, en divisant en même temps par cette puissance,

$$x = \frac{\frac{237\,000}{87\,852}}{10^3};$$

d'où

$$\log x = \log \frac{237\,000}{87\,852} - 3.$$

Mais,

$$\log \frac{237\,000}{87\,852} = \log 237 + 3 - \log 87\,852$$

$$= 3 - (\log 87\,852 - \log 237);$$

donc

$$\log x = 3 - 2{,}5690033 - 3 = 0{,}4309967 - 3,$$

ou

$$\log x = \overline{3},4309967;$$

comme ci-dessus.

203. Remarque. — Le logarithme $\overline{3},43099\,67$ correspond à la fraction décimale $\dfrac{\frac{237\,000}{87\,852}}{10^3}$, laquelle, d'après ce qui précède, est comprise entre 0,001 et 0,010. De cette observation, il résulte que : *le nombre correspondant à un logarithme dont la caractéristique seule est négative est une fraction décimale proprement dite, dans laquelle le premier chiffre significatif occupe, à partir de la virgule, un rang marqué par cette caractéristique.*

Usage des tables.

204. Problème I. — *Un nombre étant donné, trouver son logarithme.*

Premier cas. — *Le nombre est entier, et plus petit que 108 000.*

Le logarithme est inscrit dans la table, sauf la caractéristique, qui est connue à l'avance [196].

Deuxième cas. — *Le nombre est entier, et plus grand que 108 000.*

ALGÈBRE.

Soit le nombre
$$x = 2\,647\,853.$$

Séparons assez de chiffres, sur la droite de ce nombre, pour que la partie restant à gauche soit comprise entre 10 000 et 108 000 : nous aurons

$$\frac{x}{100} = 26\,478{,}53;$$

et la partie décimale du logarithme de ce dernier nombre sera égale à celle du logarithme de x. Or, on trouve dans la table,

$$\log 26\,478 = 4{,}4228852.$$

Il ne s'agit donc plus que de calculer la différence entre ce dernier logarithme et celui de 26 478,53. Pour cela, posons la proportion [198].

$$\frac{26\,479 - 26\,478}{26\,478{,}53 - 26\,478} = \frac{\log 26\,479 - \log 26\,478}{\log 26\,478{,}53 - \log 26\,478},$$

ou

$$\frac{1}{0{,}53} = \frac{\text{différence tabulaire}}{\delta}.$$

Elle donne

$$\delta = \text{diff. tab.} \cdot 0{,}53 = 164 \cdot 0{,}53.$$

Pour épargner au calculateur la peine d'effectuer la petite multiplication que nous rencontrons ici, on a inscrit dans la table les produits de 164 par 0,1, 0,2, etc., *ces produits étant toujours exprimés en unités du septième ordre décimal*. D'après cela

$$\delta = 164 \cdot (0{,}5 + 0{,}03) = 164 \cdot 0{,}5 + \frac{164 \cdot 0{,}3}{10}$$
$$= 82 + \frac{49}{10} = 82 + 5 = 87;$$

puis, en ajoutant cette différence au logarithme de 26 478 :

$$\log 26\,478{,}53 = 4{,}4228939;$$

et enfin

$$\log 2\,647\,853 = 6{,}4228939.$$

216 ALGÈBRE.

Voici la disposition du calcul :

$$\begin{aligned}\log 26\ 478 &= 6{,}4228852^*\\ \text{pour}\quad 0{,}5\ \ldots &\qquad 82\\ \text{pour}\quad 0{,}03\ \ldots &\qquad\ \ 5\\ \hline \log\ 2\ 647\ 853 &= 6{,}4228939.\end{aligned}$$

Troisième cas. — *Le nombre contient des décimales.*

On fait abstraction de la virgule, et l'on retombe sur les cas précédents.

Quatrième cas. — *Le nombre donné est une fraction.*

On a vu ci-dessus comment le logarithme d'une fraction se déduit des logarithmes de ses deux termes [199].

205. **Problème II.** — *Un logarithme étant donné, trouver le nombre correspondant.*

Premier cas. — *Le logarithme se trouve dans la table.*

Nous supposons que le lecteur connaît la disposition des tables : ce premier cas n'exige donc aucune explication.

Deuxième cas. — *Le logarithme donné tombe entre deux logarithmes consécutifs de la table.*

Soit
$$\log x = 3{,}6774237.$$

En cherchant dans la table, on trouve que le logarithme qui approche le plus du $\log x$, *par défaut*, est 6 774 153 **; le nombre correspondant à ce dernier logarithme est 47 579 : donc

$$x = 47\ 579 + \delta,$$

δ étant inférieur à l'unité.

Pour évaluer δ, on suppose encore les différences entre les nombres proportionnelles aux différences entre les logarithmes, c'est-à-dire que l'on écrit

---

* Il n'est pas nécessaire de modifier la caractéristique : on écrit tout de suite sa valeur définitive.

** Dans la recherche du nombre correspondant à un logarithme donné, on ne fait attention à la caractéristique que pour déterminer, en dernier lieu, la place de la virgule.

ALGÈBRE.

$$\frac{\delta}{1} = \frac{6\,774\,237 - 6\,774\,153}{\textit{diff. tab.}}.$$

ou

$$\delta = \frac{84}{91}.$$

Si l'on réduisait cette fraction en décimales, on trouverait $\delta = 0,92$; mais les tables de Callet permettent encore d'éviter ce calcul. En effet, en parcourant la petite colonne des différences, on lit 9 en regard de 82 : donc δ se compose d'abord de 0,9. Ensuite, si l'on place un zéro à la droite de $84 - 82 = 2$, on a 20 pour produit. Or, dans la même petite table, 18 répond à 2 dixièmes : donc 20 correspond, à fort peu près, à 2 centièmes. La seconde partie de δ est donc cette dernière fraction, en sorte que

$$\delta = 0,92,$$

comme ci-dessus.

En revenant à la recherche qui nous occupe, nous aurons

$$x = 47\,579{,}92.$$

Mais la caractéristique donnée était 3 : donc enfin,

$$x = 4\,757{,}992, \text{ à moins de } 0{,}001.$$

Voici le type du calcul :

$$\begin{aligned}
\log x &= 3{,}6774237 \\
\log 47\,579 &= {,}6774153 \\
\hline
& 84 \\
\textit{pour} & 82 9 \\
\textit{pour} & 2 2 \\
x &= 4\,757{,}992.
\end{aligned}$$

Troisième cas. — *Le logarithme donné est entièrement négatif.*

Soit $\log x = -4{,}7248374.$

Si l'on pose

$$\log N = 4{,}7248374 ;$$

on trouve

$$N = 53\,068{,}57 ;$$

donc [200]

$$x = \frac{1}{53\,068{,}57}.$$

1. *Arithmétique.* \hfill a 13

218 ALGÈBRE.

Quatrième cas. — *La caractéristique seule est négative.*

On a vu ci-dessus [203] ce qu'il faut faire pour obtenir le nombre.

Exemples de calculs logarithmiques.

Quelques questions, qu'il serait presque impossible de résoudre sans le secours des logarithmes, feront entrevoir l'importance de la découverte de Néper.

206. Premier exemple :

$$x = \frac{\sqrt[3]{52\,678,47}}{\sqrt[4]{923\,744,18}}.$$

$$\log x = \frac{1}{3}\log 52\,678,47 - \frac{1}{4}\log 923\,744,18$$

$$\log 52\,678 \;=\; 4,7246293$$
$$0,4 \hspace{3em} 33$$
$$0,07 \hspace{3em} 6$$
$$\log 52\,678,47 = 4,7246332$$
$$\frac{1}{3} = 1,5738777\,+$$

$$\log 923\,740 \;=\; 5,9655497$$
$$4\ldots \hspace{3em} 19$$
$$0,1 \hspace{3em} 0$$
$$0,18 \hspace{3em} 0$$
$$\log 923\,744,18 = 5,9655516$$
$$\frac{1}{4} = 1,4913879\,-$$

$$\log x = 0,0824898$$

nombre corresp. 12091 4622
0,7 pour . . 276
253
0,06 pour . . 23

$$x = 1,209176.$$

207. Deuxième exemple :

$$x = \frac{\sqrt[5]{0{,}000\,384\,74}\sqrt[3]{\dfrac{89\,748}{124\,723}}}{\sqrt[4]{724\,674}\sqrt[5]{0{,}000\,674\,237\,5}}$$

$$\log x = \frac{1}{5}\left[\log 0{,}000\,384\,74 + \frac{1}{3}\log\frac{89\,748}{124\,723}\right]$$
$$\qquad - \frac{1}{4}\left[\log 724\,674 + \frac{1}{3}\log 0{,}000\,674\,237\,5\right]$$

$$\log 89\,748 = 4{,}9530248$$
$$\log 124\,723 = 5{,}0959466$$
$$\log \frac{89\,748}{124\,723} = \overline{1}{,}8570782$$

$$\frac{1}{3}\,\text{*} = \overline{1}{,}9523594 +$$
$$\log 0{,}000\,384\,74 = \overline{4}{,}5854673 +$$
$$\overline{\phantom{\log 0{,}000\,384\,74 =}\; \overline{4}{,}5375267}$$

$$\frac{1}{5} = \overline{1}{,}3075053 +$$

$$\log 0{,}000\,674\,237\,5 = \overline{4}{,}8288130$$

* Pour prendre le $\frac{1}{3}$ de $\overline{1}{,}8570782$, on observe que ce logarithme
$$= -1 + 0{,}8570782 = -3 + 2{,}8570782,$$
en rendant la caractéristique divisible par 3. Par suite,
$$\frac{1}{3}\left(\overline{1}{,}8570782\right) = -1 + \frac{1}{3}\,2{,}8570782 = \overline{1}{,}9523594.$$

On opère de même dans tous les cas analogues à celui-là.

ALGÈBRE.

$$\frac{1}{3} = \overline{2},9429377 +$$

$$\log 724\,674 = 5,8601427 +$$

$$\overline{4,8030804}$$

$$\frac{1}{4} = \overline{1},2007701 -$$

$$\log x = \overline{2},1067352$$
$$x = 0,0127860.$$

208. Troisième exemple :

$$x = \sqrt[157]{\left(\frac{829}{828}\right)^{361}}.$$

$$\log x = \frac{361}{157} \log \frac{829}{828}$$
$$\log 829 = 2,94855453$$
$$\log 828 = 2,94803034$$
$$\log \frac{829}{828} = 0,00052419$$

$$\log x = \frac{361}{157} \cdot 0,00052419.$$

Pour éviter la multiplication par $\frac{361}{157}$, prenons les logarithmes des deux membres; nous aurons

$$\log \log x = \log \frac{361}{157} + \log 0,00052419$$

$$\log 361 = 2,5575072 +$$
$$\log 157 = 2,1958996 -$$
$$\log 0,00052419 = \overline{4},7194887 +$$

$$\log \log x = \overline{3},0840963$$
$$\log x = 0,0012053$$
$$x = 1,00278.$$

ALGÈBRE.

209. Quatrième exemple : *Quelle est la plus petite valeur entière de* n *qui satisfasse à l'inégalité* $\left(\dfrac{100}{99}\right)^n > \dfrac{200\,000}{3}$?

$$n > \frac{\log \dfrac{200\,000}{3}}{\log \dfrac{100}{99}}$$

$$\log n > \log \log \frac{200\,000}{3} - \log \log \frac{100}{99}$$

$$\log 200\,000 = 5{,}30103000$$
$$\log 3 = 0{,}47712125$$

$$\log \frac{200\,000}{3} = 4{,}82390875$$

$$\log \log \frac{200\,000}{3} = 0{,}6833994\,+$$

$$\log 100 = 2{,}$$
$$\log\ \ 99 = 1{,}99563519$$

$$\log \frac{100}{99} = 0{,}00436481$$

$$\log \log \frac{100}{99} = \bar{3}{,}6399653\,-$$

$$\log n\ >\ 3{,}0434338\cdot$$
$$n\ >\ 1\,105{,}1.$$

La plus petite valeur entière est donc $n = 1\,106$. Elle est bien inférieure à celle que nous avons trouvée antérieurement [174], par une autre méthode.

210. Cinquième exemple : *Résoudre l'inégalité*

$$\left(\frac{100}{99}\right)^{n-1} > \frac{2000}{3}\left[1-\left(\frac{99}{100}\right)^{150}\right].$$

Commençons par calculer, approximativement,

$$1-\left(\frac{99}{100}\right)^{150}.$$

$$\begin{aligned}
\log 99 &= 1{,}99563519 \\
150 \log 99 &= 299{,}3452785 \;+ \\
150 \log 100 &= 300 \qquad\qquad - \\
\hline
\log\left(\frac{99}{100}\right)^{150} &= \overline{1}{,}3452785
\end{aligned}$$

$$\left(\frac{99}{100}\right)^{150} > 0{,}22145$$

$$1-\left(\frac{99}{100}\right)^{150} < 0{,}77855.$$

Ce dernier nombre étant un peu supérieur à $1-\left(\frac{99}{100}\right)^{150}$, il s'ensuit qu'on vérifiera l'égalité proposée, si l'on satisfait à celle-ci :

$$\left(\frac{100}{99}\right)^{n-1} > \frac{2000}{3} \cdot 0{,}77855.$$

On tire, de cette dernière,

$$n-1 > \frac{\log 2000 + \log 0{,}77855 - \log 3}{\log 100 - \log 99}.$$

$$\begin{aligned}
\log 2000 &= 3{,}3010300 \\
\log 0{,}77855 &= \overline{1}{,}8912865 \\
-\log 3 &= 0{,}4771212 \\
\hline
& 2{,}7151953
\end{aligned}$$

$$\begin{aligned}
\log 100 &= 2 \\
\log 99 &= 1{,}9956352 \\
\hline
& 0{,}0043648.
\end{aligned}$$

ALGÈBRE.

Donc $$n-1 > \frac{27154953}{43468},$$

ou $$n > 623,06.$$

On peut donc prendre $n = 624$. Cette valeur est beaucoup plus petite que celle qui a été obtenue ci-dessus [172].

Résumé.

Le produit de deux termes quelconques d'une progression par quotient est un terme de cette progression.

La somme de deux termes quelconques d'une progression par différence est un terme de cette progression.

Si les deux termes dont on a fait le produit correspondent, respectivement, aux deux termes dont on a fait la somme, le produit et la somme se correspondront.

On appelle *logarithmes* des termes de la progression par quotient, les termes qui leur correspondent dans l'autre progression.

Le logarithme du produit de deux facteurs pris dans une progression par quotient est égal à la somme des logarithmes de ces facteurs.

On peut regarder tous les nombres plus grands que l'unité comme faisant partie d'une progression par quotient.

Dans un même système, tout nombre plus grand que l'unité a un logarithme.

Si, entre deux termes consécutifs quelconques d'une progression, on insère un même nombre de moyens, toutes les progressions partielles ainsi formées constituent une progression unique.

La propriété fondamentale des logarithmes appartient à tous les nombres plus grands que l'unité.

Le logarithme du produit de plusieurs facteurs est égal à la somme des logarithmes de ces facteurs.

Le logarithme d'une puissance d'un nombre est égal au produit du logarithme de ce nombre par l'exposant de la puissance.

Le logarithme d'un quotient est égal au logarithme du dividende, moins le logarithme du diviseur.

Le logarithme d'une racine d'un nombre est égal au quotient du logarithme de ce nombre par l'indice de la racine.

Quand on part des deux progressions :

$$1, \quad 10, \quad 100, \quad 1\,000, \ldots,$$
$$0, \quad 1, \quad 2, \quad 3, \ldots,$$

on dit que la base du système est 10.

Dans un système quelconque, on appelle *base* le nombre qui a pour logarithme l'unité.

La différence entre les logarithmes de deux nombres entiers consécutifs diminue quand ces nombres augmentent, et elle a zéro pour limite.

Au delà d'une certaine limite, les différences entre les nombres sont sensiblement proportionnelles aux différences de leurs logarithmes.

Le logarithme d'une fraction proprement dite est égal au logarithme de la fraction renversée, précédé du signe —.

Pour transformer un logarithme entièrement négatif en un logarithme à caractéristique négative et à partie décimale positive, on place le signe — au-dessus de la caractéristique, après l'avoir augmentée d'une unité, et l'on écrit, à la suite de cette caractéristique négative, le complément de la partie décimale du logarithme donné.

Le nombre correspondant à un logarithme dont la caractéristique seule est négative, est une fraction décimale proprement dite, dans laquelle le premier chiffre significatif occupe, à partir de la virgule, un rang marqué par cette caractéristique.

CHAPITRE IX.

Intérêts composés et annuités (211-223). — Application des logarithmes à ces questions (215-223).

Des intérêts composés.

211. Une somme est placée à *intérêt composé* quand le prêteur, au lieu de recevoir, à la fin de chaque année, l'*intérêt simple* qui lui est dû, le laisse à la disposition de l'emprunteur, de manière à augmenter le capital.

Nous avons indiqué, dans l'*Arithmétique* [238], quelques questions relatives à l'intérêt simple. L'intérêt composé, tel qu'il vient d'être défini, donne lieu aux problèmes suivants :

212. Problème I. — *Quelle sera, au bout de* n *années, la valeur* A *d'un capital* a *placé à intérêt composé, le taux étant de* r *pour franc par an ?*

r étant l'intérêt de 1^f, ou, plus exactement, r étant le rapport entre cet intérêt et 1^f, il s'ensuit que 1^f vaut, à la fin de l'année, $1^f(1+r)$. Par suite, un capital quelconque a vaut, au bout d'un an, $a(1+r) = a'$.

ALGÈBRE.

Si, à la fin de l'année, l'emprunteur ne paye aucun intérêt au prêteur, il jouit, pendant l'année suivante, de cet intérêt et du capital a : les choses se passent comme si, au lieu d'avoir reçu primitivement la somme a, l'emprunteur avait reçu la somme a' au commencement de la deuxième année. Conséquemment, et d'après la formule précédente, le capital a vaut, au bout de deux ans, $a'(1+r) = a(1+r)^2$.

En répétant le même raisonnement, on trouve

$$A = a(1+r)^n. \qquad (1)$$

213. Problème II. — *Au bout de combien d'années un capital* a, *placé à intérêt composé, aura-t-il acquis la valeur* A?

Il est clair qu'il s'agit de résoudre l'équation (1), par rapport à n. Cette résolution se fait commodément par le moyen des logarithmes; elle donne

$$n = \frac{\log A - \log a}{\log(1+r)}. \qquad (2)$$

214. Problème III. — *Quelle valeur produira-t-on au bout de* n *années, si l'on place au commencement de chacune d'elles, un même capital* a, *et qu'on accumule, avec toutes ces sommes, leurs intérêts composés?*

D'après la formule (1), cette valeur est évidemment la somme s des termes de la progression par quotient :

$$a(1+r)^n,\ a(1+r)^{n-1}, \ldots,\ a(1+r);$$

donc [164]

$$s = a(1+r)\frac{(1+r)^n - 1}{r}. \qquad (3)$$

245. Applications. — 1° *Combien aurait valu, à la fin de 1865, une somme de* 1^f, *placée à 5 % au commencement de l'an 800* *?

La formule (1) donne

$$A = (1,05)^{1065}$$

$$\log 1,05 = 0,02118930$$
$$1066$$
$$\overline{1\,271\,358}$$
$$1\,271\,358$$
$$21\,1893$$
$$\overline{\log A = 22,5877938}$$

$$A = 38\,707\,000\,000\,000\,000\,000\,000 \text{ francs.}$$

246. 2° *Pendant combien d'années doit-on laisser un capital placé à* $4\frac{1}{2}$ %, *pour que sa valeur soit décuplée ?*

En supposant $A = 10\,a$ et $r = 0,045$, nous aurons, par la formule (2) :

$$n = \frac{1}{\log 1,045}$$

$$\log 1 = 0$$
$$\log 1,045 = 0,0191173$$
$$\log \log 1,045 = \overline{2},2811197 -$$
$$\overline{\log n = 1,7485803}$$
$$n = 52,430.$$

Ainsi un capital quelconque, placé à $4\frac{1}{2}$ %, à intérêt composé, ne sera pas encore décuplé au bout de 52 ans, et il sera plus que décuplé après 53 ans **.

---

* Cet exemple, purement fictif, est cependant très-propre à montrer quelles sont les conséquences *logiques* du principe de l'intérêt *proportionnel au temps*.

** La nature de cet ouvrage ne nous permet pas d'interpréter, d'une manière plus satisfaisante, la valeur fractionnaire obtenue pour n.

217. 3° *Thomas Parr vécut 152 ans**. *Si, à partir de sa vingt-cinquième année, il avait placé tous les ans, au taux de 6 %, une somme de 10 livres sterling, combien ses héritiers auraient-ils dû recevoir à sa mort ?*

La question se rapporte à la formule (3), dans laquelle on doit faire $a = 10$, $r = 0,06$.

Quant au nombre n, il est égal à 127 ; car on suppose que Thomas Parr a fait les placements au commencement de sa 26ᵉ année, au commencement de sa 27ᵉ... et, enfin, au commencement de sa 152ᵉ année.

Cela posé, la formule donne

$$s = 10 \cdot 1{,}06 \, \frac{(1{,}06)^{127} - 1}{0{,}06}.$$

Comme *on ne peut pas effectuer de soustraction par logarithmes*, nous commencerons par calculer $(1{,}06)^{127} = x$.

$$\log 1{,}06 = 0{,}02530587$$
$$127$$
$$\overline{}$$
$$17714409$$
$$5064174$$
$$2\,530587$$
$$\overline{}$$
$$3{,}21384549$$

$$x = 1636{,}24.$$

Actuellement,

$$\log s = \log 10{,}6 + \log 1635{,}24 - \log 0{,}06$$
$$\log 10{,}6 \quad = 1{,}0253059 \, +$$
$$\log 1635{,}24 = 3{,}2135815 \, +$$
$$\log 0{,}06 \quad = \overline{2}{,}7781513 \, -$$
$$\log s \quad\quad = 5{,}4607361$$

$$s = 28900.$$

Ainsi, les héritiers auraient pu réclamer 28 900 livres sterling, bien que Thomas Parr n'eût placé que 1 270 livres.

* Il mourut en 1634.

Des annuités.

218. On appelle *annuité* la somme que l'on doit payer annuellement si l'on veut *amortir*, au bout d'un certain temps, un capital et ses intérêts.

Pour déterminer l'annuité b, il suffit d'exprimer que la valeur du capital a, à la fin de la n^e année, est égale à la somme des valeurs des $n-1$ annuités, au bout de ce même temps. On trouve ainsi, en appelant r l'intérêt de 1^f,

$$a(1+r)^n = b(1+r)^{n-1} + b(1+r)^{n-2} + \ldots + b(1+r) + b,$$

ou
$$a(1+r)^n = b\frac{(1+r)^n - 1}{r}. \qquad (4)$$

219. Cette formule générale donne la solution de diverses questions relatives aux annuités.

Si, par exemple, on *veut déterminer combien il faut d'années pour amortir un capital* a, *au moyen d'annuités égales à* b, on devra résoudre l'équation (4) par rapport à n. Or, en faisant passer $(1+r)^n$ dans le premier membre, on a d'abord

$$(1+r)^n(b-ar) = b;$$

puis, en prenant les logarithmes des deux membres,

$$n = \frac{\log b - \log(b-ar)}{\log(1+r)}. \qquad (5)$$

220. *Discussion.* — 1° Si l'on suppose $b > ar$, c'est-à-dire *si l'annuité surpasse l'intérêt simple du capital*, la formule (5) donne pour n une *valeur finie et positive*. Cette valeur sera très-grande, quand l'excès de b sur ar sera très-petit.

2° Si $b = ar$, $n = \dfrac{\log b - \log 0}{\log(1-r)}$. Or, $\log 0 = -\infty$; donc

$n = +\infty$. Il est facile d'interpréter ce résultat : quand l'emprunteur ne paye, à la fin de chaque année, que l'intérêt

ALGÈBRE.

simple du capital, il ne cesse pas de devoir ce capital ; on ne peut donc demander à quelle époque la dette sera éteinte.

Ce cas est celui des *rentes perpétuelles*.

3° Enfin, si l'on suppose $b < ar$, c'est-à-dire *si l'annuité est inférieure à l'intérêt simple du capital*, le second membre de la formule contient le *logarithme d'une quantité négative*. Or, on démontre que ces quantités n'ont pas de logarithmes[*]: donc cette formule ne donne aucune valeur réelle pour n. C'est ce qu'il est encore facile d'expliquer.

En effet, nous venons de voir que la *dette est constante* quand l'annuité est égale à l'intérêt simple ; donc, quand cette annuité est inférieure à l'intérêt simple, *la dette, au lieu de diminuer, augmente sans cesse*. Ce résultat, qui peut paraître étrange, est une conséquence toute naturelle du principe de l'intérêt proportionnel au temps.

224. Application. — Soient $a = 10\,000^f$, $n = 50$, $r = 0{,}045$. L'équation (4) donne
$$b = \frac{ar(1+r)^n}{(1+r)^n - 1};$$

d'où

$$\log b = \log a + \log r + n \log(1+r) - \log[(1+r)^n - 1].$$

Pour la même raison que ci-dessus [217], commençons par calculer $(1+r)^n - 1 = (1{,}045)^{50} - 1 = x$. Nous aurons

$$\log 1{,}045 = 0{,}0191\,1629$$
$$50 \log 1{,}045 = 0{,}955\,8145$$
$$\text{nombr. corresp.} = 9{,}03263$$
$$x = 8{,}03263.$$

Actuellement, cherchons b.

$$\log a = \log 10000 = 4 \quad +$$
$$\log r = \log 0{,}045 = \overline{2}{,}6532125 \;+$$
$$50 \log 1{,}045 \quad = 0{,}9558145 \;+$$
$$\log x \quad = 0{,}9048578 \;-$$
$$\overline{\log b = 2{,}7041672}$$
$$b = 506{,}022.$$

---
[*] Ou plutôt qu'elles n'ont pas de logarithmes réels.

Ainsi, la somme à payer annuellement serait de 506^f,022. L'excès de cette *annuité*, sur l'intérêt simple du capital, est égal à 506^f,022 — 450^f = 56^f,022. Au bout de la 50e année, la différence entre la somme des annuités et la somme des intérêts simples s'élèverait à 56^f,022 . 50 = environ 2 801^f.

222. Autre application. — *Au bout de combien d'années aura-t-on amorti un capital de* 100^f, *emprunté à* 5 °/°, *si l'on paye annuellement* 5^f,10 ?

La question se rapporte à la formule (5), dans laquelle il faut supposer

$$a = 100; \quad b = 5{,}10, \quad r = 0{,}05.$$

Elle donne, à cause de $b - ar = 0{,}10$,

$$n = \frac{\log 51}{\log 1{,}05}$$

$$\begin{aligned}
\log 51 &= 1{,}7075702 \\
\log \log 51 &= 0{,}2323987 + \\
\log 1{,}05 &= 0{,}0211867 \\
\log \log 1{,}05 &= \overline{2}{,}3261167 - \\
\log n &= 1{,}9062820 \\
n &= 80{,}590.
\end{aligned}$$

Ainsi, c'est après plus de 80 ans que la dette sera éteinte.

223. Problème*. — *Une personne verse annuellement, à la caisse d'un banquier, une somme* v *pendant* n *années. De son côté, le banquier s'engage à payer une annuité de* a *francs pendant les* 2n *années qui suivent les* 2n *premières. On demande quelle doit être cette annuité* a, *par rapport au versement* v, *pour que le marché soit équitable ; on tiendra compte des intérêts composés. Le taux est de* 5 *pour* 100. *On demande aussi quel doit être le nombre donné* n *pour que l'annuité* a *soit au moins égale au versement ?*

En supposant que les versements aient été faits au commencement de la première, de la deuxième,....., de la n^e année, ils vaudront, au commencement de la $(4n)^e$:

$$v(1+r)^{4n-1}, \quad v(1+r)^{4n-2}, \ldots \quad v(1+r)^{3n},$$

r étant l'intérêt de 1 franc.

---

* Proposé, à la Sorbonne, le 10 avril 1854.

ALGÈBRE.

De même, en supposant que les annuités aient été payées à partir du commencement de la $(2n+1)^e$ année, elles vaudront, à la fin de la $(4n)^e$:

$$a(1+r)^{2n-1}, \quad a(1+r)^{2n-2}, \ldots \quad a.$$

Pour que le marché soit équitable, il faut que la somme des premières valeurs égale la somme des dernières ; donc

$$v(1+r)^{3n}[(1+r)^{n-1}+(1+r)^{n-2}+\ldots+(1+r)+1]$$
$$=a[(1+r)^{2n-1}+(1+r)^{2n-2}+\ldots+(1+r)+1];$$

ou, par la formule des progressions [164],

$$v(1+r)^{3n}\frac{(1+r)^n-1}{r}=a\frac{(1+r)^{2n}-1}{r}.$$

Cette équation donne

$$\frac{a}{v}=(1+r)^{3n}\frac{(1+r)^n-1}{(1+r)^{2n}-1};$$

ou, par la suppression du facteur $(1+r)^n-1$, commun aux deux termes de la fraction,

$$\frac{a}{v}=\frac{(1+r)^{3n}}{(1+r)^n+1}.$$

Si l'on fait $r=0,05$, et si l'on suppose successivement $n=1, 2, 3,\ldots$, on trouve, en opérant par logarithmes :

$$\frac{a}{v}=\frac{1,1576}{2,05}, \quad \frac{a}{v}=\frac{1,3401}{2,1025}, \quad \frac{a}{v}=\frac{1,5513}{2,1576}$$

$$\frac{a}{v}=\frac{1,7959}{2,2155}, \quad \frac{a}{v}=\frac{2,0789}{2,2763}, \quad \frac{a}{v}=\frac{2,4078}{2,3404}.$$

Cette dernière fraction, qui correspond à $n=6$, est un peu supérieure à l'unité. Par conséquent, à partir de $n=6$, l'annuité a sera plus grande que le versement v.

Résumé.

Une somme est placée à *intérêt composé* quand le prêteur, au lieu de recevoir, à la fin de chaque année, l'*intérêt simple* qui lui est dû, le laisse à la disposition de l'emprunteur, de manière à augmenter le capital.

Lorsqu'un capital est placé à intérêt composé, sa valeur croît en progression par quotient : la raison de la progression est $1 + r$, r étant l'intérêt de 1 franc.

On appelle *annuité* la somme que l'on doit payer annuellement si l'on veut amortir, au bout d'un certain temps, un capital et ses intérêts.

Suivant que l'annuité est supérieure, égale ou inférieure à la dette, celle-ci diminue, ou reste constante ou augmente.

www.ingramcontent.com/pod-product-compliance
Lightning Source LLC
Chambersburg PA
CBHW071858160426
43198CB00011B/1154